AF301613

Bibliografische Information der Deutschen Nationalbibliothek:

Die Deutsche Nationalbibliothek verzeichnet diese Publikation in der Deutschen Nationalbibliografie; detaillierte bibliografische Daten sind im Internet über http://dnb.d-nb.de abrufbar.

Impressum:

Copyright © 2016 Studylab

Ein Imprint der GRIN Verlag, Open Publishing GmbH

Druck und Bindung: Books on Demand GmbH, Norderstedt, Germany

Coverbild: Freepik.com | Flaticon.com | GRIN

Martin Wild

Anwendung technischer Assistenzsysteme in der Pflege

Eignung eines Robbenroboters als Lernmaterial für verschiedene Personengruppen

2015

Inhaltsverzeichnis

Abbildungsverzeichnis

Tabellenverzeichnis

1   Einleitung und Ziel der Arbeit

In Deutschland steigt die Zahl älterer Menschen kontinuierlich an und mit ihr die Anzahl derer, die im häuslichen Umfeld oder in Pflegeeinrichtungen betreut, versorgt und gepflegt werden müssen.

Um den Herausforderungen des demografischen Wandels z.B. im Bereich der Pflege von alten und/oder kranken Menschen begegnen zu können, werden derzeit technische Assistenzsysteme entwickelt, die in der Betreuung und Pflege von beeinträchtigten Menschen Anwendung finden sollen.

Nach einer Studie des Bundesministeriums für Bildung und Forschung (2011a) wird Assistenzsystemen eine breite Einsatzmöglichkeit in der Pflege attestiert. Es kann davon ausgegangen werden, dass Pflegekräfte in Zukunft vermehrt mit AAL-Systemen konfrontiert sein werden.

AAL steht für intelligente Umgebungen, die sich selbstständig, proaktiv und situationsspezifisch den Bedürfnissen und Zielen des Anwenders anpassen, um ihn im täglichen Leben zu unterstützen. Solche intelligenten Umgebungen sollen insbesondere auch älteren, beeinträchtigten und pflegebedürftigen Menschen ermöglichen, selbstbestimmt in einer privaten Umgebung zu leben (Fraunhofer-Allianz AAL 2015).

Es müssen geeignete Konzepte zur Fort- und Weiterbildung entwickelt werden, in denen es möglich sein muss, auch wenig technikaffinen Menschen den Zugang zu AAL-Systemen zu eröffnen. Praxisbezug und ein anschauliches Schulungsmaterial bilden die Grundlagen erfolgreicher Schulungs- und Weiterbildungsmaßnahmen (Huber & Hader-Popp 2005).

Ein maßgeblicher Faktor zur Einführung und Etablierung der bislang wenig bekannten unterstützenden AAL-Systemen in Betreuungs- und Pflegeeinrichtungen sowie im häuslichen Umfeld, besteht in der Vermittlung von Kenntnissen über solche Systeme und in der Schulung von deren Anwendung in der Praxis. In Weiterbildungen und Schulungen für Pflegekräfte sollen diese Kenntnisse vermittelt werden.

Ein bereits heute existierendes und vereinzelt in der Betreuung von an Demenz erkrankten Menschen eingesetztes, altersgerechtes AAL-System ist der Robbenroboter PARO, welcher von Takanori Shibata am National Institute of Advanced Industrial Science and Technology in Japan entwickelt wurde (Parorobots 2014).

Es fehlen Erkenntnisse, ob PARO in der Weiterbildung von Pflegekräften ein gutes Beispiel für ein AAL ist und somit positiv auf den Erfolg von Schulungen zum Thema AAL in der Pflege auswirken kann.

Im Rahmen dieser Arbeit soll die folgende Frage untersucht werden:

Kann der Robbenroboter PARO als praktisches Anschauungsmaterial für ein AAL-System in der Weiterbildung für Pflegekräfte dienen und somit den Zugang zu AAL-Technik im Allgemeinen, auch für wenig technikaffine Menschen, herstellen?

Als zweckmäßige Methode zur Untersuchung der Fragestellung wurden standardisierte Fragen in einer schriftlichen Befragung von Pflegekräften einer Wohneinrichtung für beeinträchtigte Menschen mittels eines eigens dafür entwickelten Fragebogens angewendet.

Auf Grundlage der Ergebnisse von 118 Befragungsteilnehmern, wurden die folgenden, für die Beantwortung der Fragestellung bedeutsamen Hypothesen überprüft.

Hypothese 1: PARO wird von Personen in Pflegeberufen als geeignetes Anschauungsmaterial bei Weiterbildungen für technische Assistenzsysteme in der Pflege gesehen.

Hypothese 2: Die Menschen, denen der Film von PARO im Einsatz in einer Pflegeeinrichtung vorgeführt wurde, würden PARO gerne bei ihrer Arbeit mit den Bewohnern einsetzen.

Hypothese 3: Die Bedienung von PARO als technisches Assistenzsystem wird von Menschen in Pflegeberufen als einfach eingeschätzt.

Hypothese 4: Menschen in Pflegeberufen, denen PARO vorgestellt wurde, gehen davon aus, dass zukünftig vermehrt technische Assistenzsysteme im Pflegebereich eingesetzt werden.

Hypothese 5: PARO eignet sich als Beispiel für den Einsatz technischer Assistenzsysteme im Pflegebereich.

Nach der Einleitung wird im zweiten Kapitel der demografische Wandel in Deutschland mit seinen Auswirkungen und den sich daraus ergebenden Herausforderungen für die Gesellschaft, insbesondere für die in der Pflege beschäftigten Menschen, beschrieben. Im Folgenden wird die Bedeutung von AAL-Systemen als Mittel gegen den Pflegenotstand sowie deren gegenwärtige und zukünftige Einsatzbereiche dargestellt. Anschließend wird die Aus- und Weiterbildung in Bezug auf AAL-Systeme thematisiert.

Inhaltlich wird im dritten Kapitel der Robbenroboter PARO vorgestellt, seine Eigenschaften beschrieben und sein derzeitiger Einsatz im Rahmen der Therapie bei demenziell erkrankten Menschen aufgezeigt.

In dem für die Beantwortung der Fragestellung zentralen vierten Kapitel wird ein Fragebogen für Pflegekräfte in Wohneinrichtungen für beeinträchtigte Menschen entwickelt und die Befragung durchgeführt. Konkret findet zunächst die qualitative Erhebungsmethode der Fokusgruppe in einer kleineren Personengruppe Anwendung. Aus den Ergebnissen wird ein quantitativer Fragebogen entwickelt, der in einer größeren Gruppe von Pflegenden eingesetzt wird. Die Konzeptionierung und Durchführung der empirischen Erhebung wird in diesem Kapitel aufgezeigt.

Im fünften Kapitel werden die Ergebnisse der Fragebogenbefragung dazu verwendet, die zuvor aufgestellten Hypothesen zu überprüfen. Durch die Datenanalyse werden die Informationen der Einzeldaten zunächst verdichtet und so dargestellt, dass das Wesentliche zur Überprüfung der jeweiligen Hypothese verdeutlicht wird. Die Daten werden tabellarisch dargestellt und es werden sowohl deskriptive als auch analytische Untersuchungen durchgeführt. Die Ergebnisse der Analysen lassen Rückschlüsse auf den erfolgreichen Einsatz von PARO im Rahmen von Schulungen zum Thema AAL zu.

Abschließend werden im sechsten Kapitel die Erkenntnisgewinne für den Einsatz von PARO bei der Aus- und Weiterbildung von Pflegekräften zusammengefasst und erörtert.

2 Herausforderung – demografischer Wandel

Die in den letzten Jahrzehnten in der fortwährenden Erhöhung der Lebenserwartung begründete allgemein ansteigende Anzahl älterer Menschen stellt die gesamte Gesellschaft vor die Frage, wie in Zukunft die Pflege und Betreuung pflegebedürftiger Menschen sowohl quantitativ als auch qualitativ sichergestellt werden kann.

Berechnungen des Statistischen Bundesamtes (2012) zeigen, dass die Zahl der über 80-Jährigen zwischen 2011 und 2050 von 4,3 Millionen auf 10,2 Millionen Menschen steigen wird. Im Jahr 2060 wird jeder siebte Mensch in Deutschland 80 Jahre oder älter sein. Ebenso wird für das Jahr 2060 von 4,5 Millionen Pflegebedürftigen ausgegangen (Zweites Deutsches Fernsehen 13.01.2015). Gleichzeitig sinkt die Gesamtanzahl der Menschen im erwerbsfähigen Alter (Statistisches Bundesamt 2012, Statistisches Bundesamt 2009).

Bereits heute besteht ein Mangel an Pflegefachkräften, der sich voraussichtlich weiter verschärfen wird. Das bedeutet, dass zukünftig eine steigende Anzahl pflegebedürftiger Menschen von einer nicht proportional mitsteigenden, wenn nicht gar sinkenden Anzahl von Pflegefachkräften versorgt werden muss. Andersherum betrachtet, müssen die einzelnen Pflegefachkräfte mehr Menschen mit Pflegebedarf versorgen als bislang.

Aufgrund dieser Entwicklung ist davon auszugehen, dass Technische Unterstützungssysteme wie AAL vermehrt zum Einsatz kommen werden, um einerseits die Versorgung pflegebedürftiger Menschen sicherzustellen, die Lebensqualität älterer und beeinträchtigter Menschen zu erhalten und um andererseits professionelle Pflegekräfte und Angehörige zu entlasten.

Längst sind professionelle Pflegekräfte und Angehörige am Limit des Leistbaren angelangt. Die Arbeit in der Pflege wird oft als sehr stressig und auch als körperlich sehr erschöpfend eingeschätzt (Bispinck et al. 2012, S. 27).

Hohe Krankenstände und ein erhöhtes Risiko eine Depression oder ein Burn-out zu entwickeln, sprechen für sich (DAK Forschung 2012, S. 132, Zweites Deutsches Fernsehen 2015). Hinzu kommt, dass die Gruppe der pflegenden Angehörigen laut einer Studie der Siemens-Betriebskrankenkasse hohen Belastungen bei der Pflege von Angehörigen ausgesetzt ist (Billinger 2013).

Gleichfalls betroffen von veränderten und zusätzlichen Aufgaben und Belastungen, primär bedingt durch die kontinuierlich steigende Anzahl älterer Bewohner und die dadurch stetig anwachsende Pflegetätigkeit, sind Mitarbeiter/innen in Einrichtungen der Behindertenhilfe.

Diese sind in der Regel Einrichtungen der Eingliederungshilfe mit pädagogischem Schwerpunkt. Dementsprechend verfügt das Personal überwiegend über Berufsausbildungen dieses Bereichs und nicht über pflegerische Fachkenntnisse. Erst in den letzten Jahren wird auch Pflegefachpersonal eingestellt, um der einsetzenden Entwicklung Rechnung zu tragen (Schulze Höing 2013).

Dass ältere Bewohner in diesen Einrichtungen bislang fast gänzlich fehlten, und damit altersbedingter Pflegebedarf die Ausnahme darstellte, liegt in der Zeit des Nationalsozialismus in Deutschland begründet, in der Menschen mit Behinderungen als „lebensunwert" abgestempelt und systematisch vernichtet wurden. Mehrere Generationen wurden ermordet oder hatten durch extrem schlechte Lebensbedingungen und fehlende medizinische und psychosoziale Betreuung eine erheblich verringerte Lebenserwartung (Wetzel & Oettl 2010).

Da der demografische Wandel alle Bevölkerungsteile gleichermaßen betrifft, steigt adäquat zu der Entwicklung in der Allgemeinbevölkerung auch in Einrichtungen der Behindertenhilfe die Anzahl älter werdender Bewohner. Die mit dem Älterwerden verbundenen Beeinträchtigungen nehmen entsprechend zu.

Schätzungen zufolge ist inzwischen jeder zweite Bewohner stationärer Wohneinrichtungen der Behindertenhilfe älter als 55 Jahre, 15% sind über 65 Jahre alt (Lindmeier & Lubitz 2011).

Zusätzlich sind Menschen mit geistiger Beeinträchtigung oft zugleich von körperlichen Beeinträchtigungen betroffen. Im Gegensatz zur Allgemeinbevölkerung ist diese Personengruppe in allen Lebensphasen – Kindheit, Jugend, Erwachsenenalter und Alter – auf Unterstützung, Assistenz und Begleitung angewiesen. Im Alter zeigen sie häufig Anzeichen für eine physiologische Voralterung. Der Unterstützungsbedarf steigt somit altersbedingt teilweise stark an (Lindmeier & Lubitz 2011).

Für Betreuungskräfte sowohl in ambulant betreuten Wohnformen als auch in stationären Wohneinrichtungen stellt diese erstmalig erheblich steigende Anzahl älter werdender Betreuter bzw. Bewohner eine neue Herausforderung dar (Schulze Höing 2013).

Neben den durch die Behinderung ohnehin eingeschränkten Alltagskompetenzen kommen, entsprechend der Allgemeinbevölkerung, altersbedingte Erkrankungen wie z.B. Osteoporose, Seh- und Hörbeeinträchtigungen, Schilddrüsenunterfunktion und demenzielle Erkrankungen hinzu (Statistisches Bundesamt 2009).

Zurzeit leben in Deutschland circa 1,5 Millionen demenziel erkrankte Menschen, im Jahr 2050 wird ihre Zahl auf 3 Millionen Menschen angestiegen sein (Bundesministerium für Gesundheit 2015).

Menschen mit Down-Syndrom weisen ein höheres Risiko für eine demenzielle Erkrankung auf (Kranich 2001). Bereits ab dem 40. Lebensjahr finden sich bei dieser Personengruppe hirnorganische Veränderungen, die denen von an Alzheimer-Demenz erkrankten Menschen der Allgemeinbevölkerung entsprechen (Ding-Greiner 2014).

In der Allgemeinbevölkerung leiden ca. 11% der über 65jährigen an einer demenziellen Erkrankung, bei Menschen mit Down-Syndrom liegt die Demenzrate dieser Altersgruppe bei 75% (Lindmeier & Lubitz 2011). Demzufolge steigt die Erkrankungsrate mit zunehmendem Lebensalter zusätzlich überproportional stark an.

Einrichtungsträger der Behindertenhilfe, und mit ihnen das Betreuungspersonal, sind aufgrund dieser Entwicklung im stationären und ambulanten Bereich gefordert, auf die steigende Anzahl alter und an Demenz erkrankter Bewohner zu reagieren und neue Handlungsstrategien und -konzepte zu entwickeln.

Der gesellschaftlichen Entwicklung und gesetzlichen Vorgaben (SGB Zwölftes Buch 2003) entsprechend, in der eine ambulante Betreuung einer stationären Versorgung vorzuziehen ist, ist auch im Bereich der Behindertenhilfe die Anzahl der ambulant betreuten Plätze in den vergangenen 20 Jahren um ein Vielfaches angestiegen (Abbildung 1). Erfahrungsgemäß sind auch für Menschen mit einer geistigen Beeinträchtigung ein weitgehend selbständiges Leben und das Wohnen im vertrauten, sozialen Umfeld immer wichtiger geworden.

Menschen mit Beeinträchtigung im ambulanten, Betreuten Wohnen

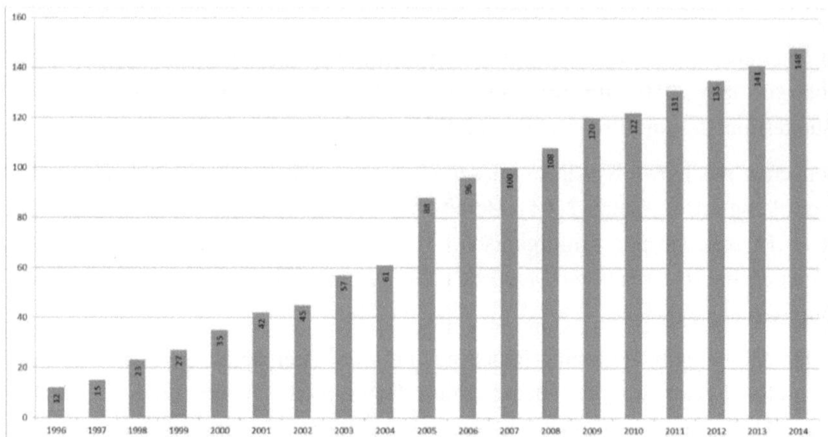

Abbildung 1: Belegungsstatistik ambulant Betreutes Wohnen (Soziale Förderstätten für Behinderte e.V. 2015)

Die Erfahrung zeigt ebenfalls, dass viele Menschen mit Beeinträchtigung in stationären Einrichtungen leben seit sie junge Erwachsene sind. Dadurch stellen die Wohnstätten ihr vertrautes, privates Umfeld dar, das sie nicht auf Grund des Eintretens einer Pflegebedürftigkeit, zum Beispiel im Alter, verlassen möchten (Abbildung 2).

Menschen mit Beeinträchtigung in Wohnstätten (stationär)

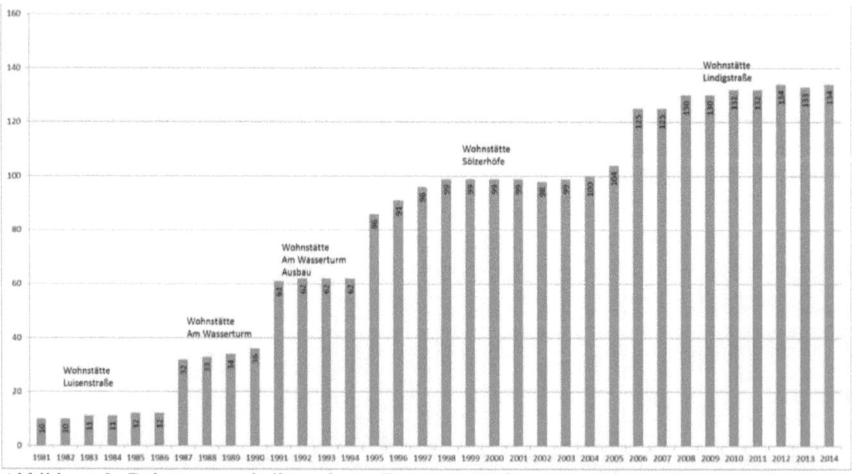

Abbildung 2: Belegungsstatistik stationär Betreutes Wohnen (Soziale Förderstätten für Behinderte e.V. 2015)

Gerade Angehörigen ist es erfahrungsgemäß wichtig, zu wissen, dass ihre „Kinder" oder Geschwister nicht in ein typisches Alten- oder Pflegeheim wechseln müssen, sondern bis zu ihrem Tod in der Wohnstätte also in ihrem Zuhause verbleiben können.

Eine Möglichkeit, den Wunsch im vertrauten Umfeld verbleiben zu können, in die Realität umzusetzen, könnte der Einsatz von AAL-Systemen in der Pflege bieten.

AAL (Ambient Assisted Living) umfasst Konzepte, Methoden, technische Systeme, Produkte und Dienstleistungen, die das Leben von benachteiligten Menschen situationsabhängig und vor allem unaufdringlich unterstützen. Allgemein kann gesagt werden, dass AAL-Systeme Assistenzsysteme für ein selbstbestimmtes Leben sind (VDE-Anwendungsregel 2015). Die Deutsche Normungs Roadmap (AAL 2012, Seite 9) beschreibt AAL folgendermaßen:

„Ambient Assisted Living umfasst als ein hybrides Produkt eine technische Basisinfrastruktur im häuslichen Umfeld und Dienstleistungen durch Dritte mit dem Ziel des selbstständigen Lebens zuhause." Die Assistenz erfolgt in der Kommunikation, Mobilität, Selbstversorgung und im häuslichen Leben.

Eine Recherche in vier hessischen Wohnstätten lässt vermuten, dass die Kenntnis von technischen Assistenzsystemen wie AAL und deren Einsatz im Bereich der Behindertenhilfe bislang noch eine Ausnahme darstellt. Das Wissen der Betreuungskräfte dürfte dem von pflegenden Angehörigen entsprechen. Die Vermittlung entsprechender Kenntnisse könnte dazu führen, dass bereits vorhandene Bedarfe ins Bewusstsein der Betreuungskräfte gelangen und weitere Anwendungsbereiche erkannt und gemeinsam entwickelt werden können. Technische Assistenzsysteme könnten als wichtiges Element Einzug in die neu zu entwickelnden Handlungsstrategien und Konzepte finden und dazu führen, dass mehr Menschen in ihrem vertrauten Umfeld ohne vermeidbare Einschränkungen alt werden können und Betreuungskräfte in ihrer Arbeit Unterstützung und Entlastung erhalten.

Die Vorstellung von PARO in Weiterbildungen kann dazu dienen, Kenntnisse über AAL-Systeme zu vermitteln und in der Folge auf Grund erkannter Bedarfe zu einem erstmaligen oder verstärkten Einsatz von AAL in Wohneinrichtungen für Menschen mit Beeinträchtigung führen.

Der Betreute kann je nach seinen Bedürfnissen durch den sinnvollen Einsatz von AAL-Systemen profitieren. So kann zum Beispiel bis ins hohe Alter ein weitgehend selbständiges Leben im gewohnten Umfeld durch AAL-Systeme möglich gemacht werden.

Eine erhöhte Sicherheit kann durch Sensoren zur Überwachung von Vitalfunktionen des Menschen oder durch Unterstützung im Haushalt erreicht werden. Letztere etwa durch eine Erinnerungsfunktion, ob die Herdplatte vor dem Verlassen der Wohnung abgeschaltet wurde. AAL-Systeme können auch dazu beitragen, den sozialen Kontakt mit anderen Menschen zu pflegen oder die körperliche Beweglichkeit zu erhalten.

Das Betreuungspersonal oder die Angehörigen können unter anderem durch geringere Belastungen von AAL-Systemen profitieren. Eine Entlastung von sogenannten Sekundäraufgaben wie Dokumentation, Vitalwerterfassung und Kontrollgängen kann ebenfalls durch einen gezielten Einsatz von AAL erreicht werden. Somit können die Angehörigen bzw. das Betreuungspersonal sich vermehrt ihren Primäraufgaben, nämlich der menschlichen Zuwendung, widmen.

Der Einfluss von unterstützenden AAL-Systemen in der Bereitstellung von sozialen und Pflegedienstleistungen stellt eine Innovation dar, die seitens der direkt unterstützten Menschen, ihrer Angehörigen und des Pflege- und Betreuungspersonals Akzeptanz oder auch Ablehnung erfahren kann. Transparenz durch umfassende Informationen, frühzeitige Einbeziehung und Systemverständnis sind unabdingbare Voraussetzungen für die Umsetzung einer erfolgreichen Einführung von AAL-Technik in der Pflege.

Um im Bereich der Pflege den Herausforderungen des demografischen Wandels besser entgegenwirken zu können, werden zurzeit altersgerechte Assistenzsysteme (AAL) entwickelt. Die Assistenzfunktionen solcher Systeme sollten möglichst unaufdringlich, bedarfsgerecht, nicht stigmatisierend und weitestgehend ohne technische Vorkenntnisse nutzbar sein (Deutsche Normungs Roadmap AAL 2012).

2.1 Einsatzbereiche von AAL

Für Ambient Assisted Living haben sich nach Georgieff (2008) vier Themenschwerpunkte herauskristallisiert:

- Gesundheit und (ambulante) Pflege,

- Haushalt und Versorgung,

- Sicherheit und Privatsphäre,

- Kommunikation und soziales Umfeld.

Es handelt sich bei dieser Kategorisierung um Kernbereiche des Einsatzes von AAL-Systemen. Überschneidungen zwischen den Einsatzgebieten finden statt und sind zur Erreichung der Aufgaben von AAL mitunter notwendig. So gibt es zum Beispiel immer Überschneidungen zwischen dem sozialen Umfeld und dem Bereich der Sicherheit und Privatsphäre, da sich Angehörige und Freunde auch um die Sicherheit nahestehender Personen sorgen und hier auch tätig werden.

2.1.1 Gesundheit und (ambulante) Pflege

In der Gesundheit und Pflege können die drei Unterbereiche Gesundheitsfür- und -vorsorge, chronische Krankheiten und altersbedingte Krankheiten unterschieden werden (Georgieff 2008).

Der Bereich der Gesundheitsfür- und -vorsorge beschäftigt sich vor allem mit der Erfassung von Vitalwerten und Bewegungsdaten. Hier kann zum Beispiel AAL-Technik eingesetzt werden, um Daten wie Blutdruck oder Atemfrequenz an den behandelnden Arzt zu übermitteln, sodass dieser bei Bedarf schnell geeignete Maßnahmen ergreifen kann. Bei der Erkennung von Krankheiten, welche im Frühstadium meist symptomlos sind, können AAL-Systeme helfen, indem medizinische Daten erfasst, übermittelt und bewertet werden.

Bei chronischen Krankheiten bedarf es oft der regelmäßigen Erfassung von Vitalwerten. Laut der Kassenärztlichen Bundesvereinigung (2012) besteht in ländlichen Gegenden ein fortschreitender Ärztemangel. AAL kann zum Beispiel durch die Übermittlung von benötigten Daten zur Ferndiagnose und Dokumentation an den behandelnden Arzt helfen, die Folgen dieses Ärztemangels abzumildern.

Bei altersbedingten Krankheiten können durch geeignete Unterstützung bei Kontroll- und Steuerungsaufgaben mittels AAL-Technik die betroffenen Personen länger eigenständig in ihrem gewohnten Umfeld bleiben. Eine typische Anwendung von Maßnahmen in diesem Zusammenhang wäre zum Beispiel eine automatische Abschaltung von nicht genutzten elektrischen Geräten beim Verlassen der Wohnung.

2.1.2 Haushalt und Versorgung

Der Einsatz elektronischer Geräte im Haushalt hat in den letzten Jahrzehnten die selbständige und sichere Haushaltsführung wesentlich erleichtert. Die Entwicklung von weiteren elektronischen Steuerungen und Sensoren für den Haushalt wird in Zukunft vielfältige Möglichkeiten der Verbesserung hervorbringen (Georgieff 2008).

Ein Beispiel ist die „Intelligente Haustechnik", die das Wohnen in vertrauter Umgebung, auch bei beeinträchtigter Gesundheit erleichtern kann. In den letzten Jahren wurden mit „Smart Home" Konzepten schon bemerkenswerte Fortschritte bei der intelligenten Haustechnik erzielt und die Sicherheit wie auch der Komfort zu Hause erhöht (Deutsche Normungs Roadmap AAL 2013).

AAL umfasst hier zum Beispiel Systeme zur Heizungssteuerung und intelligenten Beleuchtungsregelung. Aufgabe dieser AAL-Systeme ist es, komplizierte Schalt-, Steuerungs-, und Messvorgänge so zu gestalten, dass jeder Mensch die gewünschten Systeme ohne fremde Hilfe einsetzen kann. Schalter und Knöpfe sollen vermieden werden und der Anwender bei Bedarf unaufdringliche Unterstützung erhalten. Die Zielgruppe solcher Systeme sind nicht nur ältere und/oder beeinträchtigte Menschen. Auch die Allgemeinbevölkerung kann zum Beispiel durch die Erhöhung der Sicherheit oder durch Kosteneinsparung bei der Anwendung einer automatisierten Heizungssteuerung profitieren (Moussa & Sauthoff 2011).

2.1.3 Sicherheit und Privatsphäre

AAL-Technik kann für den Bereich der Sicherheit und Privatsphäre vielfältig eingesetzt werden. Hierbei ist es erneut von großer Bedeutung, dass die eingesetzten Systeme leicht zu bedienen sind und sie ihre Aufgabe unaufdringlich im Hintergrund erledigen. Es können automatische Alarmsysteme zum Einsatz kommen, welche bei Gefahr durch Feuer bzw. Rauch, Wasser oder Gas selbstständig vorher definierte Aktionen auslösen und zum Beispiel die Feuerwehr alarmieren (Effenberger 2015).

Automatische Notrufsysteme über Sensormatten oder Bewegungsmelder bringen weitere Sicherheit. Solche Systeme können ebenfalls eingesetzt werden, um den Zugang zu Gebäuden barrierefrei zum Beispiel über Gesichtserkennung zu ermöglichen. AAL kann im Bedarfsfall auch eine Fernüberwachung oder Fernsteuerung bereitstellen, wenn beispielsweise die private Wohnung mit einem externen Sicherheitsunternehmen vernetzt wird (Effenberger 2015).

Es sollte allerdings im Einzelfall immer abgewogen werden, ob und wie stark die Privatsphäre durch die Erhebung und Verarbeitung von personenbezogenen Daten eingeschränkt werden muss, um ein bestimmtes Ziel zu erreichen.

2.1.4 Kommunikation und soziales Umfeld

Das Entwicklungsziel von AAL in diesem Bereich ist die Ermöglichung, Aufrechterhaltung und Stärkung der sozialen Beziehungen zwischen Menschen. Die

Zielgruppe bilden meist alleinlebende Menschen die in ihrer Mobilität eingeschränkt sind oder denen es aufgrund anderer Beeinträchtigungen nicht möglich ist, direkte persönliche Kontakte zu pflegen oder zu bilden (Bundesministerium für Bildung und Forschung 2011b).

Diese Systeme werden zum Beispiel dazu verwendet, die Kommunikation mit Freunden und Verwandten zu ermöglichen oder zu unterstützen. Hierzu gehören unter anderem Kommunikationssysteme wie Bildtelefone und soziale Netze.

2.2 Aus- und Weiterbildung

Die wichtigsten Nutzer von Assistenzsystemen sind unterstützungsbedürftige Personen, Angehörige und das Pflegepersonal, welche durch die Anwendung von AAL eine Unterstützung bei der Bewältigung des Alltages, der Erhaltung ihrer Gesundheit und Erhöhung der Sicherheit erhalten sollen. Sicherheitsaspekte und Arbeitserleichterungen für das Personal sowie Kostensenkung für die Betreiber von Pflegeeinrichtungen (z.B. durch Verringerung von Ausfalltagen) finden große Beachtung. Individuelle Pflegebedarfe spielen bei der Entscheidung für oder gegen den Einsatz neuer Technologien im pflegerischen Alltag eine Rolle.

Über den Einsatz von AAL-Technik in der Pflege entscheiden in erster Linie Angehörige, Kranken- und Pflegeversicherung oder Pflegedienstleister und die betroffenen Personen selbst. Über den internationalen „Stand der Technik" ist zumeist wenig Know-how bei dem Pflegepersonal vorhanden. Aspekte wie Aus- und Weiterbildung für technologische Themen in der Pflege werden demzufolge zukünftig eine hohe Bedeutung beigemessen (Bundesministerium für Bildung und Forschung 2011b).

Nur wer umfassende Kenntnis über unterstützende Systeme und deren Konzepte besitzt, kann diese auch im Sinne des hilfsbedürftigen Menschen einsetzen. Eine breite Kenntnis des aktuellen Angebotes von unterstützenden Technologien in der Pflege ist Voraussetzung, um bei der Entscheidung zum Einsatz der Systeme die richtige Wahl zu treffen und so gezielt im Interesse des Menschen mit Beeinträchtigung handeln zu können. Die Herausforderung an die Gruppe der pflegenden Menschen besteht in der kontinuierlichen Aus- und Weiterbildung im Bereich der Assistenztechnik in der Pflege (Friesacher 2010).

Für die Weiterbildung im Bereich der AAL-Technik werden zurzeit Konzepte entwickelt, welche den Pflegekräften einen Einblick in die Möglichkeiten von Assistenztechnologien bieten sollen. In Schulungen sollen die Teilnehmer lernen, die neuen technischen Möglichkeiten so zu gestalten und zu verwenden, dass die vorhandenen Bedürfnisse und Wünsche der zu unterstützenden Menschen volle Berücksichtigung finden. Die Weiterbildungen sollen auch für wenig technikaffine Menschen geeignet sein, um ihnen einen Zugang zu AAL-Technik zu ermöglichen (Bundesministerium für Bildung und Forschung 2011c).

Um die Akzeptanz neuer Technologien voranzutreiben, ist es wichtig, die Aus- und Weiterbildungen in diesem Bereich besonders praxisnah zu gestalten. Der Nutzen der AAL-Technik wird für die Pflegekräfte unmittelbar ersichtlich, wenn in Weiterbildungen vielfältig mit praktischen Anschauungsmaterialien gearbeitet wird. (Huber & Hader-Popp 2005)

Die Akzeptanz neuer Technologien im Pflegebereich hängt vom erwarteten Nutzen ab. Die Studie „Die Akzeptanz neuer Technologien bei pflegenden Angehörigen von Menschen mit Demenz" (Kramer 2013) belegt für den privaten Bereich, dass die Teilnehmer der Studie sehr aufgeschlossen gegenüber neuen Technologien in der Pflege sind und diese auch anwenden würden, wenn sie einen Nutzen bzw. eine Erleichterung für ihren Pflegealltag erkennen. Die große Mehrzahl der Teilnehmer dieser Studie wünscht sich, neue Technologien vor der Kaufentscheidung ausprobieren zu können.

Laut Eisenreich (2013) stellt der Praxisbezug in Weiterbildungen für den Erfolg eines Weiterbildungsangebots einen relevanten Faktor dar.

Bei der Erstellung von Weiterbildungskonzepten für die Aus- und Weiterbildung im AAL-Bereich sind somit sinnvolle Praxisbeispiele vorzusehen. Ein Beispiel für ein praktisches Anschauungsmaterial in der Weiterbildung kann der Robbenroboter PARO sein, welcher insbesondere bei der Betreuung von demenziel erkrankten Menschen Anwendung findet.

Nachdem PARO im nächsten Kapitel vorgestellt wird, soll im Hauptteil dieser Arbeit untersucht werden, ob und wie sich der Robbenroboter als Anschauungsmaterial für ein AAL-System in der Weiterbildung eignet und ob er einen Zugang zur Technik herstellen kann. Kann PARO ein „Türöffner" für die Gruppe der Pflegenden sein und die Akzeptanz von AAL im Rahmen einer Weiterbildung für Pflegekräfte erhöhen?

3 PARO der Robbenroboter

Um das System PARO besser verstehen zu können, sollte zunächst unterschieden werden zwischen technischen Hilfssystemen, welche eine meist pragmatische technische Assistenz leisten und solchen Systemen, die eine soziale Aufgabe erfüllen sollen.

Der erhoffte Nutzen einiger technischer Assistenzsysteme ist in der Regel schon am Namen erkennbar. Diese Systeme dienen dazu, den Hilfsbedürftigen bei der Verrichtung seiner täglichen Erledigungen zu unterstützen und/oder vorhandene Beeinträchtigungen zum Beispiel bei der Beweglichkeit auszugleichen oder zu mindern. Beispielhaft für diese Gruppe sind Hörhilfen, Sehhilfen, Mobilitätshilfen und Notrufsysteme.

Eine relativ neue Gruppe von Systemen, welche unter anderem bei der Alten- und Demenzkrankenpflege Anwendung finden können, stellen Assistenzsysteme der sozialen Robotik dar (Gabler Wirtschaftslexikon 2015).

Ein altersgerechtes Assistenzsystem, welches bei der Betreuung von Demenzpatienten eingesetzt wird, ist PARO (Abbildung 3).

Abbildung 3: PARO MCR900

In der deutschen Berichterstattung wird PARO meist als männlich dargestellt. Im weiteren Verlauf dieser Arbeit wird, ohne persönliche Wertung, diese Konvention weiter verwendet.

Es kann davon ausgegangen werden, dass die Ansprüche, welche an eine Robbe gestellt werden, den Ansprüchen an ein Haustier entsprechen. Niemand dürfte von PARO echte Kommunikation oder Unterstützung bei der Verrichtung der Körperpflege erwarten. Diese Einstellung kann ein hohes Akzeptanzpotential für den Einsatz von PARO darstellen.

Bei Systemen, die Menschen nachempfunden sind oder menschliche Züge haben, können nach dem heutigen Stand der Entwicklung die Erwartungen, welche durch die Anwender an die Interaktion gestellt werden, nicht erfüllt werden (Weiss 2007). Hohe Erwartungshaltungen durch vorhandene eigene Erfahrungen müssten demnach der Technik angepasst werden.

Bei PARO oder ähnlichen Systemen dürfte es leicht fallen, sie als Gefährte zu akzeptieren. Die Bereitschaft ist umso größer, je eher das „Tier" als friedfertig eingestuft werden kann. Darüber hinaus kann angenommen werden, dass PARO eher schlecht mit eigenen Erfahrungen im Umgang mit realen Mitgliedern dieser Spezies verglichen werden wird. So dürften keine Enttäuschungen entstehen, wenn eigene Erfahrungen unter Umständen nicht bedient werden können.

Die Realisierung einer Robbennachbildung ist folgerichtig sinnvoll, weil an diese kaum Vorstellungen und Erwartungen geknüpft sind, was einen unvoreingenommenen Umgang mit ihr unterstützt.

3.1   Technische Daten und Eigenschaften von PARO

PARO ist die Nachbildung einer circa drei Wochen alten Sattelrobbe. Entwickelt wurde der Robbenroboter von Takanori Shibata am National Institute of Advanced Industrial Science and Technology in Japan (Parorobots 2014).

In der neunten Version (MCR900) hat PARO eine Länge von 57 cm, eine Breite von 36 cm und ein Gewicht von 2,55 kg. Er ist ausgestattet mit einem 32-Bit RISC Prozessor, zwei Mikrofonen zur Geräuschlokalisation, einem Lagesensor und zehn taktilen Sensoren. Zwei Lichtsensoren befinden sich in seiner Nase (Parorobots 2014).

Für seine real wirkenden Bewegungen sind acht Stellmotoren zuständig: zwei im Hals, in den vorderen und hinteren Flossen jeweils einer, zwei in den oberen und unteren Augenlidern, und einer sorgt für die Drehung seiner Augen. Die Anzahl und die Anordnung der Stellmotoren lässt eine Vielzahl von natürlich erscheinenden Bewegungen zu. PARO ist in der Lage, mimische Ausdrücke zu simulieren. Alle Bewegungen können auch in Kombination ausgeführt werden (Parorobots 2014).

Ein Lautsprecher, mit dem Originallaute eines Sattelrobbenbabys abgespielt werden können, befindet sich am Kinn. Der in der neunten Version eingesetzte Akkumulator hat eine maximale Laufzeit von circa 5 Stunden. Es ist aber auch möglich, PARO einzusetzen, wenn er gerade aufgeladen wird. PARO ist außerdem ausgestattet mit einem antibakteriellen und hypoallergenen Kunstfell (Parorobots 2014).

PARO ist ein AAL-System, welches zwar mit vielfältigen Sensoren ausgestattet ist, diese werden aber ausschließlich zur Unterstützung der Interaktion mit dem Menschen eingesetzt. Durch PARO werden keine personenbezogenen Daten erhoben.

Die Bedienung ist intuitiv und die Handhabung, z.B. pflegen und laden, einfach. PARO ist kein kompliziertes System, was eingerichtet, programmiert, gewartet und ausgelesen werden muss. PARO ist ein technisches System, welches das Leben von benachteiligten Menschen situationsabhängig und unaufdringlich unterstützen kann. Somit ist PARO nach der Definition der Deutschen Normungs Roadmap AAL (2012) ein AAL-System.

Durch seine Programmierung „merkt" PARO zum Beispiel, ob und wie intensiv er gestreichelt wird und ist in der Lage, darauf zu reagieren (Kolbe-Weber 2014). Die Kombination aus intensiver Interaktion und gespeicherten Stimmmustern ermöglichen es sogar, dass der Roboter Menschen wiedererkennt. PARO kann zwischen hell und dunkel, also zwischen Tag und Nacht, unterscheiden. Tagsüber ist PARO aktiver, abends wird er, entsprechend seiner Programmierung, ruhiger und schließt die Augen (Alzheimer Forschung Initiative 2011).

PARO ist ein AAL-System, welches primär die emotionale und menschliche Ebene anspricht. Das Design des Robbenroboters kann durch Merkmale des Kindchenschemas – große Kulleraugen, wimmernde Laute und seine Größe – positive Gefühlsreaktion und Zuwendung, gegebenenfalls auch Betreuungs- und Pflegeverhalten auslösen (Spektrum Verlag 1999).

Durch den Einsatz von PARO in der Pflege können keine Pflegekräfte eingespart werden. Vielmehr ist davon auszugehen, dass für die Dauer der Interaktion Pflegepersonal für die Begleitung und Aufsicht benötigt wird. Weder Umgebungs- noch medizinische Daten werden erhoben, die Sicherheit wird nicht erhöht.

PARO soll allgemein das Wohlbefinden steigern. Individuell können sich weitere nützliche Aspekte ergeben, wie leichtere Kontaktaufnahme, entspanntes Auftreten durch eine mögliche Reduzierung des allgemeinen Stresslevels und eine erhöhte Eigenaktivität.

Es wird der beeinträchtigten Person sehr leicht gemacht, mit PARO in Kontakt zu treten. Aspekte, welche bei anderen AAL-Systemen eine Rolle spielen und so eine gewisse Barriere zwischen der Technik und dem Menschen bilden können, müssen beim Umgang mit PARO nicht berücksichtigt werden. Zum Beispiel wird durch den Verzicht auf Datenerhebung die informelle Selbstbestimmung nicht beeinträchtigt. PARO ist ein eigenständiges, in sich geschlossenes System, es ist keine Vernetzung mit einer Steuerzentrale oder Ähnlichem notwendig. Somit ist PARO sehr flexibel und in verschiedensten Umgebungen schnell und unkompliziert einsetzbar.

Diese Eigenschaften sind es, die PARO für den Einsatz als Anschauungsmaterial in Schulungen und als Einstieg für AAL wertvoll machen können.

3.2 Therapie mit PARO

Nach Ansicht der Alzheimer Forschung Initiative e.V. (2011) bietet sich eine Therapie mit Tieren immer dann an, wenn die Kommunikationsmöglichkeiten tierfreundlicher Menschen eingeschränkt sind. Durch die tiergestützte Therapie kann das seelische und körperliche Wohlbefinden gesteigert werden. Allerdings ist der Einsatz von Tieren in der Therapie aufwändig und meist nicht unproblematisch in Bezug auf Hygiene und Sicherheit. Hier kann der Robbenroboter PARO zum Einsatz kommen. Er kann eine stubenreine Alternative oder Ergänzung bieten. Wichtig ist, dass er von gut ausgebildetem Personal eingesetzt wird und gut zur Biografie des Patienten passt.

PARO wird als „therapeutische Robbe" in Krankenhäusern, in Alten- und Pflegeheimen und auch in Privathaushalten verwendet. Er wird vorwiegend bei der Behandlung von Menschen mit Demenz eingesetzt (Hegewald 2009). Im deutschsprachigen Raum sind etwa 100 Robbenroboter im Einsatz, weltweit gibt es ungefähr 4.000. Die meisten Roboter werden in Japan und Dänemark verwendet (Kolbe-Weber 2014).

Die Entwickler von PARO, Takanori Shibata und Kazuyoshi Wada haben in Japan und Dänemark schon eine Reihe von Studien zu ihrer AAL-Technik durchgeführt. Es konnte gezeigt werden, dass PARO einen ähnlichen therapeutischen Effekt erzielen kann wie ein reales Haustier. Die Senioren in einem Pflegeheim fühlten sich nach längerer Interaktion mit PARO gesünder und glücklicher und die Interaktion zwischen den Senioren erhöhte sich. Mit Urintests konnte gezeigt werden, dass sogar eine verbesserte Funktion der lebenswichtigen Organe erreicht werden konnte (Wada & Shibata 2007).

Die Studie „Practical evaluation of robots for elderly in Denmark — an overview" (Hansen et al. 2010) beschäftigte sich mit dem Nutzen der robotergestützten Therapie in der Altenpflege. Unter Anderem fand hier PARO Beachtung. Der besondere Fokus lag auf Patienten mit demenziellen Erkrankungen. Die Studie kam zu dem Schluss, dass nur sehr wenig Widerstand gegenüber der Robotertechnik in der Altenpflege besteht. Obwohl die allgemeine Einstellung zur Einführung der Robotertechnik in Pflegeheimen eher positiv war, hatte das Pflegepersonal hohe Anforderungen an die Systeme. Instabile oder in der Anwendung zu komplizierte Technik wurde hingegen nicht hingenommen.

Das Danish Technological Institute (2015) hat ein Trainingskonzept entwickelt, auf dessen Basis in Deutschland an und mit dem Robbenroboter Weiterbildungen durchgeführt werden. In einem eintägigen Seminar werden Details zur Anwendung von PARO in der Pflege und Betreuung von Menschen mit Demenz vermittelt. Die Erfahrungsberichte der Schulungsteilnehmer zeigen hier, dass der praktische Umgang mit PARO einen wesentlichen und beeindruckenden Teil der Schulung darstellt (Beziehungen pflegen 2010).

Im weiteren Verlauf dieser Arbeit soll dargelegt werden, wie PARO im Rahmen von Weiterbildungen zum Thema AAL eingesetzt werden kann. Zuvor soll in Erfahrung gebracht werden, ob sich PARO überhaupt als praktisches Anschauungsmaterial für ein AAL-System eignet? Kann PARO auch für nicht technikaffine Menschen ein Türöffner sein, um den Weg für AAL-Systeme im Allgemeinen vorzubereiten?

4 Untersuchung zur Eignung von PARO als Lernmaterial und „Türöffner"

Um mit Erfolg Weiterbildungsmaßnahmen im Bereich AAL entwickeln zu können, stellt sich die Frage, wie eventuell vorhandene Barrieren gegen eine fortschreitende Technisierung in Pflegeberufen bei den Schulungsteilnehmern abgebaut werden können.

Im Vorfeld von Aus- und Weiterbildungsangeboten gilt es, die Beschäftigten in sozialen Berufsfeldern und Angestellte in Gesundheitsberufen für technische Inhalte zu begeistern. Dies ist wichtig, weil so bei den Beteiligten eine erhöhte Bereitschaft dazu geschaffen werden kann, sich auf komplementäre, also auf gegensätzliche aber sich ergänzende Weiterbildungsinhalte einzulassen.

Die Inhalte von AAL-Weiterbildungen können so gegliedert sein, dass während der Schulungen den Teilnehmern die Möglichkeit gegeben wird, sich unter Zuhilfenahme von Praxisbeispielen dem Thema AAL zu nähern. Auch kann dieses Ausprobieren von AAL-Systemen helfen, eventuell vorhandene Technikscheu abzubauen (Beziehungen pflegen 2010).

In diesem Kapitel soll dargelegt werden, wie durch eine Befragung des Pflegepersonals in Wohneinrichtungen für Menschen mit Beeinträchtigung ermittelt wird, ob die Roboterrobbe PARO ein gutes Anschauungsmaterial und Beispiel für ein AAL ist und sich somit für die Schulungsteilnehmer eignet, einen Einstieg in die Welt von AAL zu schaffen.

4.1 Beschreibung der Methodik

Zu Beginn der Untersuchung kam die Methode der Fokusgruppe zum Einsatz, da zu Anfang noch nicht erkennbar war, welche Fragen für die spätere Fragebogenerhebung bedeutsam waren.

Eine Fokusgruppe ist eine moderierte Diskussion einer kleinen Gruppe mit 6 bis 10 Teilnehmern zu einem vorgegebenen Thema. Fokusgruppen leisten nach Buber (2007) eine wertvolle Hilfestellung bei der Definition eines Forschungsproblems, bei der Entwicklung eines Messansatzes oder bei der Generierung von Hypothesen und Identifikation von möglichen Einflussfaktoren.

Im konkreten Fall wurde die Fokusgruppe aus dem pflegendem Fachpersonal einer Wohneinrichtung für Menschen mit Beeinträchtigung gebildet. Es wurden Erkenntnisse darüber gewonnen, wie die Gruppe der Pflegenden die Aus- und Weiterbildung im Berufszweig der Pflegekräfte einschätzt. Welche Aspekte einer Schulung wurden als wichtig empfunden und was kann dazu beitragen eine Schulung zu optimieren?

Weiterhin wurden im Gruppengespräch Informationen darüber gewonnen, welche Vorstellung die Teilnehmer von technischen Assistenzsystemen oder Assistenzsystemen im Allgemeinen im Bereich der Pflege haben und wie solche Systeme im Umfeld der professionellen Pflege helfen können, die Arbeitsbedingungen der Pflegekräfte zu verbessern.

Während der Fokusgruppe wurde ein kurzer Film (ARD 2012) vorgeführt, in dem PARO gezeigt, seine Eigenschaften vorgestellt und der Einsatz in einem Pflegeheim für Menschen mit Demenz beispielhaft beschrieben wurden. Zu einem späteren Zeitpunkt des Gespräches wurde der Robbenroboter real präsentiert und die Gruppe hatte Gelegenheit, mit ihm zu interagieren.

Die qualitativen Daten, welche aus der Fokusgruppe gewonnen wurden, sind verwendet worden, um möglichst viele Aspekte zu ermitteln, welche zur Erstellung eines Fragebogens zur standardisierten Befragung relevant sein können.

Das Fokusgruppengespräch wurde mittels einer Audioaufnahme dokumentiert. Das ist wichtig, um während der nachfolgenden Auswertung auf eine unverfälschte Datenbasis zurückgreifen zu können.

Bei der Auswertung der Fokusgruppe wurde auf eine komplette Transkription der Aufzeichnung verzichtet, da der Aufwand für die Zwecke dieser Untersuchung in keinem vernünftigen Verhältnis zum Ertrag stehen würde.

Die Auswertung des Fokusgruppeninterviews orientierte sich vielmehr an den Fragen eines im Vorfeld der Fokusgruppe erstellten Leitfadens (Anhang Fokusgruppenleitfaden). Nach einer ersten tabellarischen Auflistung der Informationen aus der Fokuskruppe wurden die aus den Antworten gewonnenen Informationen zu geeigneten Kategorien zusammengefasst, damit sie bei der Erstellung des quantitativen Fragebogens Berücksichtigung finden konnten.

Die empirische Erhebung mittels Fragebogenbefragung fand in einer erheblich größeren Gruppe von pflegendem Betreuungspersonal in Wohneinrichtungen der Behindertenhilfe statt. Die schriftliche Befragungsform zeichnet sich dadurch aus, dass sie kostengünstiger durchgeführt werden kann als zum Beispiel die mündliche Befragung. Es kann in kürzerer Zeit bei geringerem Einsatz von Personal eine größere Zahl von Menschen erreicht werden. Durch die einheitliche Fragestellung werden Interviewfehler vermieden und die Auswertung kann standardisiert erfolgen (Atteslander & Bender 1993).

Nachdem die Resultate der Fragebogenerhebung vorlagen, wurden die zuvor aufgestellten Hypothesen überprüft und anhand der Ergebnisse konnten Vorschläge abgeleitet werden, ob und wie der Robbenroboter PARO innerhalb einer Weiterbildung von pflegendem Personal idealerweise eingesetzt werden sollte.

4.2 Das Fokusgruppengespräch

Die Methode der Fokusgruppe wurde gewählt, weil zunächst ermittelt werden muss, welche Fragen, Erwartungen, Ängste oder sonstige Themen überhaupt von Bedeutung sind, um die Eignung von PARO als Lernmaterial während der Aus- und Weiterbildungen für die Gruppe der Pflegenden zu klären und dann daraus einen passenden Fragebogen für weitere Analysen zu entwickeln.

Die Diskussion in der Gruppe kann Aspekte aufdecken, die sonst nicht oder nur unzulänglich berücksichtigt würden. Es soll die Dynamik der Gruppendiskussion von pflegendem Personal einer Wohneinrichtung für Menschen mit Beeinträchtigung verwendet werden, um wertvolle Erkenntnisse, die zur Erstellung eines Fragebogens notwendig sind, zu erlangen.

Die hier gebildete Fokusgruppe setzt sich aus dem Pflegepersonal der Wohnstätte „Sölzerhöfe" des Vereins Soziale Förderstätten für Behinderte e.V. (2015) zusammen.

Die Wohnstätte, für Menschen mit einer geistigen und/oder körperlichen Beeinträchtigung, wurde 1995 als dritte Wohneinrichtung des Trägers erbaut. Sie bietet Wohnplätze für 41 Bewohner, die in 2 Gruppen im Erdgeschoss und Obergeschoss betreut werden. Die zwei Wohngruppen sind alters- und geschlechtsheterogen zusammengesetzt. Ein- und Zweibettzimmer sind in Seitenflügeln untergebracht. Alle Zimmer schließen sich an Ess- und Aufenthaltsräume an.

Bewohner, die aus Alters- bzw. Gesundheitsgründen ihre Arbeit in der Werkstatt für behinderte Menschen aufgeben mussten, erhalten eine Ganztagesbetreuung im Tagesstrukturierenden Bereich der Wohnstätte.

Die Wohnstätte ist eine Einrichtung der Eingliederungshilfe nach SGB XII. Es werden Leistungen sowohl im pädagogischen als auch im pflegerischen Bereich angeboten und erbracht (Soziale Förderstätten für Behinderte e.V. 2015).

Die Mitarbeiterteams sind multidisziplinär zusammengesetzt. Pädagogisch ausgebildete Mitarbeiter/innen wie Erzieher/innen, Heilerziehungspfleger/innen, Sozialassistenten etc. und Pflegefachkräfte, insbesondere Alten- und Krankenpfleger/innen, aber auch berufliche Quereinsteiger, arbeiten als gleichberechtigte Mitarbeiter/innen im Team zusammen.

Die multidisziplinär besetzten Teams haben den Vorteil, dass die verschiedenen Berufsgruppen von den Kenntnissen der jeweils anderen lernen. Sie unterstützen sich in der Verrichtung der täglichen Arbeit gegenseitig und können davon profitieren. Dies setzt einerseits die Bereitschaft der Mitarbeiter voraus, sich mit berufsfremden Tätigkeiten auseinanderzusetzen und vertraut zu machen. Zum anderen müssen die Mitarbeiter bereit sein, ihr eigenes Wissen an andere weiter zu vermitteln, damit diese Form der Zusammenarbeit funktionieren kann.

Um den unterschiedlichen Berufsausbildungen gerecht zu werden, wird die Bezeichnung „Betreuungskräfte" verwendet, zumal die Erfahrung in der Wohnstätte zeigt, dass Unterstützung, Begleitung und Assistenz im Lebensalltag im Vordergrund der Arbeit steht und pflegerische Tätigkeit nicht gesondert betrachtet werden kann, da sie immer gleichzeitig Betreuung darstellt und in diese eingebettet ist.

Der Dienstplan der Wohnstätte ist so gestaltet, dass alle Betreuungskräfte zeitgleich ihren Aufgaben nachgehen können und gemeinsam verantwortlich für die Durchführung aller anfallenden Tätigkeiten sind. Nur ganz wenige, sehr spezielle Tätigkeiten, bleiben den einzelnen Fachgruppen vorbehalten. Dies bedeutet, dass pflegerische Tätigkeiten von allen Betreuungskräften gleichermaßen und tagtäglich erbracht werden, unabhängig von ihrer beruflichen Ausbildung.

Wie in Tabelle 1: Teilnehmer der Fokusgruppe dargestellt, setzt sich die Fokusgruppe aus vier pädagogisch und fünf pflegerisch ausgebildeten Mitarbeitern und Mitarbeiterinnen zusammen und gibt somit die Zusammensetzung des Gesamtpersonals konzentriert wieder. Mitarbeiter/innen mit langer Berufserfahrung sind ebenso vertreten wie Mitarbeiter/innen, die erst vor kurzem ihre Ausbildung beendet haben. Das Lebensalter liegt zwischen 25 und 52 Jahren. Sechs der Teilnehmer/innen sind weiblichen und drei männlichen Geschlechts.

	Geschlecht	*Ausbildung*	*Alter*	*In der Einrichtung seit*
Teilnehmer 1	*weiblich*	*Erzieherin*	*43*	*5 Jahren*
Teilnehmer 2	*weiblich*	*Heilerziehungspflegerin*	*26*	*2 Jahren*
Teilnehmer 3	*weiblich*	*Altenpflegerin*	*37*	*2 Jahren*
Teilnehmer 4	*männlich*	*Altenpfleger*	*48*	*19 Jahren*
Teilnehmer 5	*männlich*	*Erzieher*	*52*	*24 Jahren*
Teilnehmer 6	*weiblich*	*Krankenschwester*	*52*	*17 Jahren*
Teilnehmer 7	*männlich*	*Altenpfleger*	*29*	*1 Jahr*
Teilnehmer 8	*weiblich*	*Altenpflegerin*	*32*	*1 Jahr*
Teilnehmer 9	*weiblich*	*Heilerziehungspflegerin*	*25*	*2 Jahren*

Tabelle 1: Teilnehmer der Fokusgruppe

Alle gemeinsam sind mit einem stetig steigenden Zeitbedarf konfrontiert, der für pflegerische Tätigkeiten aufgebracht werden muss und zusätzlich zu ihren Primäraufgaben, der Begleitung und Assistenz der Bewohner im Lebensalltag, bewältigt werden muss.

Eigene Erfahrungen bestätigen die Erkenntnisse von Ding-Greiner (20014). Es treten vermehrt Demenzerkrankungen auf, die bei Bewohner/innen mit Down-Syndrom bereits mit Beginn des vierzigsten Lebensjahres einsetzen.

Im Bereich der Behindertenhilfe haben pflegerischen Tätigkeiten in den vergangenen Jahren in erheblichem Umfang zugenommen. Dies ist hauptsächlich auf die deutlich gestiegene Lebenserwartung von Menschen mit einer geistigen und/oder körperlichen Beeinträchtigung und der damit verbundenen höheren Anzahl älterer Bewohner zurückzuführen. Basierend auf den Erfahrungen der Sozialen Förderstätten für Behinderte e.V. verbleiben in den Wohnstätten die Bewohner, bzw. werden dort aufgenommen, die auch bereits in jungen Lebensjahren einen erhöhten Unterstützungs- und Pflegebedarf haben. Die Vorgaben des §13, SGB Zwölftes Buch (2003) werden umgesetzt, indem Personen mit geringerem Betreuungsbedarf überwiegend in ambulanten Wohnformen betreut werden.

Das bedeutet, dass die Betreuungskräfte in der Wohnstätte zusätzlich zu ihrem ursprünglichen Auftrag, nämlich die Bewohner/innen in ihrem Alltag zu begleiten und bei der Eingliederung in die Gesellschaft zu unterstützen, pflegerische Arbeit leisten müssen und dies oft unabhängig vom Lebensalter der Bewohner/innen.

Die Bildung einer Fokusgruppe aus diesem Mitarbeiterkreis ist infolgedessen bedeutend, weil in dieser Einrichtung keine AAL-Systeme zum Einsatz kommen. Es ist davon auszugehen, dass der Wissensstand der Fokusgruppenteilnehmer auf dem Gebiet von AAL ähnlich ist und dem von pflegenden Angehöriger entspricht.

Die Gruppe für das Fokusgruppengespräch umfasste 9 Personen. Alle Teilnehmer sind Kollegen und Kolleginnen und kennen das Tätigkeitsfeld der Anderen. Das Fokusgruppengespräch fand im Rahmen einer Dienstbesprechung statt. Die Dauer des Gespräches betrug zwei Stunden.

4.2.1 Vorbereitung der Fokusgruppe

Im Vorfeld der Fokusgruppe wurde ein Leitfaden entworfen (Anhang: Fokusgruppenleitfaden). Ein wichtiger Teil des Leitfadens war die Leitfrage, welche im Vorfeld formuliert wurde und zu Beginn der Fokusgruppe vorgetragen wird.

Die Leitfrage lautete folgendermaßen:

Wie Ihr wisst, ist eine gute Aus- und Weiterbildung im Bereich der Pflege wichtig für die täglichen Herausforderungen bei der Erledigung der Arbeit am und mit dem Menschen mit Beeinträchtigung.

Die Wohnstätte stellt für unsere Klienten das zu Hause dar. Jeder Mensch möchte so lange wie möglich im gewohnten Umfeld leben, auch im Alter. Derzeit werden für den Pflegebereich technische Assistenzsysteme entwickelt, die Menschen mit Hilfebedarf unterstützen sollen. Aber auch Pflege- und Betreuungskräfte sollen durch solche Systeme Unterstützung bzw. Entlastung bei der täglichen Arbeit erhalten.

Wie kann das Potenzial von technischen Assistenzsystemen genutzt werden, um die Bedürfnisse von pflegebedürftigen Menschen bestmöglich zu erfüllen?

Der Leitfaden beinhaltet außerdem neben Hinweisen zum organisatorischem Ablauf und Gedankenstützen für den Moderator wichtige Fragestellungen, welche als Intervention genutzt werden können, um die Möglichkeit zu haben, das Gespräch der Gruppe zu lenken (Anhang: Fokusgruppenleitfaden).

Die vorbereiteten Fragen zur Intervention sind nicht als starres Gebilde zu verstehen gewesen. Falls sich die Antwort auf eine dieser Fragen schon während der Diskussion ergab oder sich aus dem Kontext schließen ließ, mussten sie nicht explizit gestellt werden. Im Folgenden werden die möglichen Interventionen genannt und die dahinterliegenden Intentionen verdeutlicht:

Frage 1: Welche technischen Unterstützungssysteme kennt Ihr bereits?

Es wird ein Einstiegspunkt für die Teilnehmer geschaffen. Der Gedankenaustausch durch das Gespräch der Teilnehmer untereinander ermöglicht es, einem etwaigen Wissensunterschied entgegenzuwirken und er gibt den Teilnehmern die Möglichkeit, sich auf das Thema einzustellen. Die Frage ist bewusst nicht offen gestellt. Es sollen nur technische Unterstützungssysteme betrachtet werden. So wird als Einstieg ein bestimmter Bereich vorgegeben und die Gruppe kann sich auf diesen Bereich konzentrieren. Mit dieser Frage soll ebenfalls erreicht werden, dass den Teilnehmern bewusst wird, dass solche Systeme wichtig sind und zunehmend wichtig werden und dass Schulungen in diesem Bereich notwendig sind.

Frage 2: Was für Erfahrungen habt Ihr mit Schulungen bisher gemacht?

Mit dieser Frage soll bewirkt werden, dass sich die Teilnehmer über ihre Erfahrungen mit Schulungen in ihrem Berufsfeld austauchen. Es soll in Erfahrung gebracht werden, wie sich die Art einer Schulung auf den wahrgenommen Nutzen auswirkt. Während des Austauschs in der Gruppe soll die Wichtigkeit von Anschauungsmaterial in Schulungen angesprochen werden. Weiter können an dieser Stelle Erkenntnisse gewonnen werden, was sich die Gruppe von Schulungen wünscht und wie eine gute Schulung gestaltet werden kann.

Frage 3: Was haltet Ihr von PARO?

Es sollen erste Eindrücke der Gruppe gesammelt werden, nachdem PARO per Film vorgestellt wurde. Um den Teilnehmern möglichst viel Spielraum bei der Beantwortung zu geben, wird diese Frage offen gestellt und nicht weiter eingegrenzt. An dieser Stelle ist es wichtig, dass die Teilnehmer alle Aspekte, die PARO betreffen, ansprechen können.

Frage 4: Wie findet ihr PARO nachdem Ihr ihn ausprobieren konntet?

Auf Grundlage dieser Frage soll betrachtet werden, ob und wie sich die subjektive Wahrnehmung von PARO durch die Gruppe nach einer realen Interaktion mit dem System ändert. Welche Unterschiede werden bei der Betrachtung von PARO deutlich, nachdem er real ausprobiert werden konnte?

Frage 5: Wie würdet Ihr es finden, wenn PARO im Rahmen von Aus- und Weiterbildung gezeigt wird?

Es soll ermittelt werden, ob sich PARO aus Sicht der Pflegerinnen und Pfleger für Schulungen eignet. Ist eine besondere Form der Präsentation für PARO in Schulungen nötig oder gewünscht?

Frage 6: Wollt Ihr nun mehr über Assistenzsysteme erfahren?

Durch die Beantwortung dieser Fragestellung soll in Erfahrung gebracht werden, ob durch die Kenntnis von PARO und den Umgang mit diesem System die Neugier der Pflegerinnen und Pfleger auf AAL-Systeme allgemein gestiegen ist. Die Frage ist zentraler Bestandteil dieser Arbeit und wird hier abschließend gestellt, da ermittelt werden soll, ob PARO ein gutes Beispiel für AAL und ein praktisches Anschauungsmaterial bei Weiterbildungen sein kann.

4.2.2 Durchführung der Fokusgruppe

Die Fokusgruppensitzung wurde in einem der Aufenthaltsräume der Wohnstätte (**Fehler! Verweisquelle konnte nicht gefunden werden.**) durchgeführt.

Zur Vorführung des kurzen Filmes über den Einsatz von PARO wurde ein TV-Gerät bereitgestellt. Die Roboterrobbe PARO wurde anfangs in einem Nebenraum aufbewahrt und später, zu einem geeigneten Zeitpunkt, den Teilnehmern zur eigenen kurzen Interaktion überlassen.

Das Gespräch wurde von zwei Personen begleitet. Eine Person übernahm die Moderatorenrolle während die zweite Person sich auf das Dokumentieren konzentrierte.

Abbildung 4: Fokusgruppe

Zur späteren Auswertung wurde mit Zustimmung aller Teilnehmer vom gesamten Gespräch eine Audioaufzeichnung angefertigt.

Ablauf der Fokusgruppe:

- Begrüßungsworte und Dank für die Teilnahme

- Kurze Vorstellung des Moderators und Begleiters

- Motivierende Worte darüber, warum gerade diese Gruppe wichtig ist

- Vorgabe eines maximalen Zeitfensters

- Hinweis auf die Audioaufnahme

- Vorstellung des Themas mittels der Leitfrage

- Beginn der Diskussion unter Beachtung der Interventionsfragen

- Vorführung des PARO-Filmes

- Diskussion neuer Aspekte unter Beachtung der Interventionsfragen

- Vorstellung von PARO mit Interaktion

- Diskussion neuer Aspekte unter Beachtung der Interventionsfragen

- Dankesworte zum Ende der Veranstaltung

4.2.3 Ergebnisse der Fokusgruppe

Die Beobachtungen während der Diskussion zeigten, dass alle Teilnehmer des Fokusgruppengespräches dem Thema gegenüber neugierig und aufgeschlossen waren. Die Fokusgruppe fand in einer entspannten Atmosphäre statt und alle Teilnehmer nahmen konzentriert an der Diskussion teil.

Im Anhang dieser Arbeit befindet sich ein Protokoll, welches die persönlichen Eindrücke des Autors während des Fokusgruppengesprächs erzählerisch widerspiegelt (Anhang: persönliches Fokusgruppenprotokoll).

Die Auswertung der Fokusgruppe stellte eine Herausforderung dar. Es sollten relevante Daten aus dem Diskussionsverlauf gewonnen werden, welche zur Erstellung eines quantitativen Fragebogens von Nutzen sind.

Der Einsatz des zu erstellenden Fragebogens soll dazu geeignet sein, den Wert von PARO im Rahmen einer Schulung zu AAL und dessen Präsentation bei einer solchen Veranstaltung besser einschätzen zu können. Ferner sollen gegebenenfalls Empfehlungen dazu abgeleitet werden können, wie PARO idealerweise bei Weiterbildungen eingesetzt werden sollte.

Die tabellarisch aufgestellten Beiträge der Fokusgruppe wurden in sinnvolle Kategorien eingeteilt, um nachfolgend für die Erstellung eines Fragebogens zu dienen.

Der Anfang der Diskussion zeigte, dass die Teilnehmer eine genaue Vorstellung von technischen Assistenzsystemen, die von ihnen täglich eingesetzt werden, hatten. Pflegebetten, Rollstühle, Hubbadewannen, Lifter und sonstige Hebe- und Transportgeräte wurden anfangs genannt (Anhang: Fokusgruppenzitate). Im Pflegealltag einer Wohneinrichtung für Menschen mit Beeinträchtigung sind diese Geräte Standardausstattung und erleichtern seit geraumer Zeit die tägliche Arbeit.

In letzter Zeit finden in dieser Wohnstätte aber auch Geräte zur Unterstützten Kommunikation Anwendung. Als Beispiel für ein solches Gerät wurde der „Talker", eine Kommunikationshilfe mit Sprachausgabe, genannt. Diese neuere Art von technischer Unterstützung ist ein gutes Beispiel dafür, dass in den Wohneinrichtungen auch neue Technologien etabliert werden und erfolgreich eingesetzt werden können.

Es besteht nicht grundsätzlich eine Abneigung gegenüber Technik beim pflegenden Personal der Wohnstätte. Vielmehr ist es der empfundene und reale Nutzen von technischen Systemen in der Pflege und der Spaß bei der Anwendung, der den Einsatz von Unterstützungssystemen für die Pflegekräfte und Hilfebedürftigen erfolgreich macht.

Im Gesprächsverlauf ist zu erkennen gewesen, dass neue Methoden und Konzepte, wie sie von AAL aufgegriffen werden, nicht oder nur in sehr geringem Umfang bei den Diskussionsteilnehmern bekannt sind. Es war aber zu erkennen, dass sich die Pflegekräfte, welche sich in Aus- oder Weiterbildung im Zuge einer beruflichen Höherqualifikation befanden, mehr Wissen auf dem Gebiet der technischen Assistenzsysteme aneignen konnten. Wie dies typisch ist, traf dies insbesondere auf die eher jüngeren Diskussionsteilnehmer der Gruppe zu.

Im Verlauf der Fokusgruppe ist wiederholt von der Mehrheit der Teilnehmer angesprochen worden, dass es notwendig und auch gewollt ist, mehr über AAL zu erfahren. Ein bezeichnendes Zitat eines männlichen Erziehers mit 25 Jahren Berufserfahrung lautete: „Ich weiß ja nicht mal, dass es so etwas gibt. Wie soll ich es dann anwenden?"

Die Bereitschaft solche Systeme einzusetzen, war unabhängig von Alter und Geschlecht gleichmäßig hoch. So hieß es: „Es wäre einen Versuch wert", „Ich würde es ausprobieren" (Anhang: Fokusgruppenzitate).

Um die einzelnen Beiträge der Diskussion besser zur Erstellung eines Fragebogens heranziehen zu können, war es notwendig Kategorien zu bilden. Es haben sich vier Kategorien als sinnvoll erwiesen. Im Folgenden werden die Kategorien genannt und kurz beschrieben:

1. Kategorie – technische Unterstützung in der Pflege (AAL): Die Gruppe beschäftigte sich an verschiedenen Stellen der Diskussion mit diesem Thema. Die Möglichkeiten, die Kenntnis und die empfundenen Schwierigkeiten bei der Anwendung von technischen Unterstützungssystemen werden hier zusammengefasst.

2. Kategorie - PARO: Hier werden Beiträge aus der Diskussion aufgelistet, welche sich unmittelbar mit dem Thema PARO beschäftigen. Es wird unterschieden zwischen den Eindrücken vor und nach der Vorstellung von PARO durch einen kurzen Film und den Eindrücken, die gewonnen wurden, unmittelbar nachdem PARO real vorgestellt wurde und es den Teilnehmern möglich war, mit ihm zu interagieren.

3. Kategorie - Ausbildung und Weiterbildung: Ein zentraler Bestandteil der Fokusgruppe war die Frage der Aus- und Weiterbildung im Berufszweig der Pflegekräfte. In dieser Kategorie werden die Erfahrungen, Wünsche und Ideen der Teilnehmer zusammengefasst. Auch der Wunsch einer Schulung mit PARO und deren Gestaltung findet hier Berücksichtigung.

4. Kategorie - Ethik: Das Thema technische Assistenz in der Pflege hat von Anfang an polarisiert. Während der Diskussion sind immer wieder ethische Aspekte angesprochen wurden, welche hier subsumiert werden.

Im Anhang befindet sich eine Übersicht über die Diskussionsbeiträge, welche sich aus dem Verlauf der Fokusgruppe ergeben haben, geordnet nach den Fragen, welche zur Gesprächslenkung verwendet wurden. Um einen Bezug zur Audioaufnahme herstellen zu können, wurden die Beiträge mit einem Zeitindex versehen. Die nachfolgende Aufstellung bezieht sich auf Daten, die während der Diskussion in der Fokusgruppe erhoben wurden (Anhang: Fokusgruppenzitate).

Es werden die Ergebnisse der Fokusgruppe innerhalb der oben genannten Kategorien dargestellt:

Kategorie 1 - technische Unterstützung in der Pflege (AAL)

- Kenntnis

Der Begriff AAL musste im Verlauf des Gespräches definiert werden, da noch kein Teilnehmer davon gehört hatte. Laut Aussagen der Gruppe besteht ein klarer Bedarf für Weiterbildungen auf dem Gebiet von AAL.

- Möglichkeiten

Zukunftsvisionen über den Einsatz von AAL wurden konstruiert. Das zeigt, dass die Teilnehmer Möglichkeiten sehen, wie technische Systeme ihren Pflegealltag unterstützen können.

- Schwierigkeiten

Es wurde betont, dass Pflegekräfte keine Techniker sind und „froh sind, wenn sie wissen, wo ein Computer angeschaltet wird".

Kategorie 2 - PARO

- PARO vor dem Film

Ein männlicher Altenpfleger (29 Jahre) kannte PARO aufgrund einer Qualifikationsmaßnahme schon vor der Fokusgruppe. Alle Teilnehmer waren aufgeschlossen und wollten mehr über PARO und das Konzept erfahren.

- PARO nach dem Film

Der Einsatz von PARO wurde nach der Filmvorführung größtenteils positiv bewertet. Die Teilnehmer machten sich Gedanken um den Einsatz von PARO und konstruierten eine geeignete Einführungsmethode und die Anwendung der Technik in der Einrichtung.

- PARO nach/während der Interaktion

Die Gruppe war begeistert von der Möglichkeit PARO ausprobieren zu können. Es wurden Anwendungsszenarien zum Einsatz in der Wohnstätte konkretisiert.

Kategorie 3 - Ausbildung und Weiterbildung

- Erfahrungen

Es wurde über den zu geringen Praxisanteil in Schulungen geredet und die eher praxisfernen Bedingungen wurden kritisiert.

- Wünsche

Die Dozenten von Schulungen sollten selbst Anwender sein. Schulungen sollten vor Ort unter realen Bedingungen stattfinden.

- Ideen

Es wurde thematisiert, dass in Weiterbildungen nach der Theorie immer ein praktischer Teil mit Beispielen folgen sollte.

- PARO in der Ausbildung von Pflegekräften

PARO könnte als Einstieg verwendet werden, mit dem AAL dem Pflegepersonal näher gebracht werden kann. PARO ist das „Highlight" einer Schulung. Das System steigert die Bereitschaft bei Schulungen, sich mit AAL zu befassen. PARO ist sofort einsetzbar in Weiterbildungen, weil es ein abgeschlossenes System ist. Er schreckt nicht ab, da es keine sichtbare Mechanik bei ihm gibt.

Kategorie 4 - Ethik

- Dass PARO ideal ist, um ethische Fragen zu diskutieren, wurde an mehreren Stellen der Fokusgruppe deutlich. Weitere kritische Äußerungen bezogen sich unter anderem auf die Angst vor dem Verlust des Arbeitsplatzes und die Würde des Menschen. Eine Verletzung der Würde des Menschen könnte das „spielen mit Puppen" darstellen.

4.3 Der Fragebogen

Die standardisierte Befragung wurde schriftlich mittels Fragebogen durchgeführt. Diese Methode der Datenerhebung stellt das zweckmäßige Mittel dar für die Befragung einer Gruppe von einer Größe von 118 Personen.

Ein Fragebogen ist gut geeignet, Umfragen mit einer großen Anzahl von Personen durchzuführen. Die Befragung kann kostengünstig und mit einem im Vergleich zur mündlichen Befragung geringen Zeitaufwand durchgeführt werden (Atteslander & Bender 1993).

Um den organisatorischen Aufwand in Grenzen zu halten, fand die Befragung zur Beantwortung der Aufgabenstellung in kleineren Teilgruppen und im Rahmen der monatlich durchzuführenden dienstlichen Besprechungen statt.

Weil bei der Befragung Daten einer Berufsgruppe erhoben wurden, und somit die Namen der Teilnehmer nicht von Bedeutung waren, wurde die Befragung anonym durchgeführt. Die Vergleichbarkeit der Antworten wurde durch die Standardisierung der Befragung, also durch den immer gleichen Ablauf gewährleistet.

Eine unter Umständen geringe Rücklaufquote wurde dadurch vermieden, dass die Fragebögen im Beisein einer mit dem Thema vertrauten Person ausgefüllt und anschließend von ihr eingesammelt wurden.

Die Relevanz der Fragen dieser Befragung wurde im Vorfeld durch eine Fokusgruppe, deren Mitglieder den gleichen beruflichen Hintergrund aufweisen, sichergestellt.

4.3.1 Vorbereitung der Fragebogenbefragung

Im Vorfeld der Fragebogenbefragung mussten verschiedene Formen der Befragung betrachtet und die bestmögliche Befragungsform für den Zweck dieser Untersuchung gefunden werden. Im Folgenden wird aufgezeigt, welche Aspekte bei der Vorbereitung der Fragebogenbefragung wichtig waren.

Für die Befragung von Betreuungs- und Pflegepersonal in Wohneinrichtungen für behinderte Menschen zum Thema „Eignung eines Robbenroboters als Lernmaterial für verschiedene Personengruppen" galt es die speziellen Gegebenheiten in den Wohnstätten zu beachten, um geeignete Rahmenbedingungen schaffen zu können.

Im Folgenden werden relevante Aspekte, die zur Erstellung des Fragebogens von Bedeutung waren, genannt und die speziellen Gegebenheiten dieser Befragung herausgearbeitet.

„Wo und wie soll befragt werden"?

Die Befragung der 118 Teilnehmer konnte aus Platz- und Kostengründen nicht zeitgleich stattfinden. Es konnten nur kleine Gruppen von bis zu 15 Personen befragt werden. Um bei der Fragebogenerhebung möglichst gleiche Rahmenbedingungen zu schaffen und um auszuschließen, dass die Erhebungssituation störende Einflüsse auf das Ergebnis ausübt, wurde die Befragung jeweils am Anfang der monatlich stattfindenden Dienstbesprechung durchgeführt.

Die Präsenz einer mit dem Thema vertrauten Person in der Befragungssituation gab den Teilnehmern die Möglichkeit zu Rückfragen. Ein übereinstimmendes Vorgehen bei der Beantwortung von eventuell auftretenden Fragen gewährleistete, dass der Wert der Ergebnisse der Befragung nicht negativ beeinträchtigt wurde. Das wurde sichergestellt, da immer derselbe Beobachter vor Ort war.

Eine hohe Rücklaufquote wurde erreicht, indem der Autor dieser Arbeit bei der Befragung anwesend war und die Fragebögen im Anschluss eingesammelt hat.

„Was ist das Ziel der Befragung?"

Ziel der Befragung war es, zu ermitteln, ob PARO ein Türöffner für die Gruppe der Pflegenden sein kann und so auch für nicht technikaffine Menschen einen Zugang zu AAL schaffen kann. Ein weiteres Ziel war es, in Erfahrung zu bringen, ob und wie sich PARO als Anschauungsmaterial bei AAL-Schulungen eignet.

„Wie soll das Ziel der Befragung erreicht werden?"

Es wurde ein Fragebogen erstellt, welcher von einer Gruppe von insgesamt 118 Personen mit pflegerischer Tätigkeit ausgefüllt wurde. Die Relevanz dieser Gruppe wurde bereits in den Kapiteln 2 und 4 beschrieben.

Um die Auswertung des Fragebogens nicht unnötig zu erschweren, wurde schon bei der Erstellung des Fragebogens auf eine gute Möglichkeit der Verarbeitung der zu gewinnenden Daten geachtet. Die Auswertung von geschlossenen Fragen stellt eine gute Möglichkeit dar, um schnell an vergleichbare, zuverlässige Daten zu gelangen.

„Welche Art von Fragen kommt zum Einsatz?"

Bei dieser Befragung kamen offene und geschlossene Fragen zum Einsatz. Durch den hohen Aufwand bei der Verarbeitung und der Unmöglichkeit der automatisierten Auswertung wurden nur zwei offenen Fragen gestellt. Einzig bei der Nennung des Berufes und bei einer Frage zu zukünftigen Entwicklungen in der Pflege wurden daher Möglichkeiten zur Freitexteingabe geboten.

Die Daten, welche aus den geschlossenen Fragen gewonnen werden, lassen sich gut vergleichen und in Relation zu anderen Daten setzen.

Zur Erstellung der Fragen des Fragebogens wurden die Erkenntnisse der im Vorfeld durchgeführten Fokusgruppensitzung genutzt.

Als Antwortform wird eine fünfstufige Likert-Skala angewandt (Wirtschaftslexikon24 2015). Die Likert-Skala zählt zu den am häufigsten verwendeten Verfahren bei skalierten Befragungen. Die Befragungsteilnehmer können mittels einer Skala („Trifft voll zu", „Trifft eher zu", „Teils/teils", „Trifft eher nicht zu", „Trifft gar nicht zu") einer Aussage zustimmen oder durch ankreuzen der Antwortmöglichkeit „Kann ich nicht beurteilen" zum Ausdruck bringen, dass diese Frage nicht beantwortet werden kann.

Abbildung 5 zeigt beispielhaft die Gestaltung einer Frage mit den zugehörigen Antwortmöglichkeiten.

Ich möchte PARO gerne ausprobieren.

Trifft voll zu   ○

Trifft eher zu   ○

Teils/teils   ○

Trifft eher nicht zu   ○

Trifft gar nicht zu   ○

Kann ich nicht beurteilen   ○

Abbildung 5: fünfstufige Likert-Skala mit Beispielfrage

Bei der Beantwortung eines Teils der Fragen kann die skalierte Form allerdings nicht angewendet werden. Stattdessen finden spezielle Formen der Antwortmöglichkeiten wie die Listen- oder Katalogantwort bzw. die Alternativantwort Anwendung.

„Was kann voraussetzt werden?"

Immer wenn Fragen gestellt werden, muss das Vorhandensein einer Wissensbasis geklärt sein. Es kann nur Wissen abgefragt werden, das auch vorhanden ist (Methoden-Reader zur Oldenburger Teamforschung 2009). Im konkreten Fall konnte vorausgesetzt werden, dass alle Teilnehmer einen Beruf ausüben, der zumindest einen pflegerischen Anteil hat. Es wurden nur Pfleger/innen und Betreuungskräfte einer Wohnstätte für behinderte Menschen befragt.

Weil weder davon ausgegangen werden konnte, dass alle Befragungsteilnehmer den Robbenroboter PARO bereits kannten, noch davon, dass sie mit ihm gearbeitet haben, war es zweckmäßig anfangs eine Wissensbasis in Bezug auf PARO zu schaffen. Da es während der Befragung unerlässlich war, Antworten zum Thema PARO zu erhalten, wurde vor dem zweiten Teil der Befragung ein kurzer Film vorgeführt, der den Einsatz von PARO in einer Einrichtung zur Pflege von an Demenz erkrankten Menschen zeigte.

Es wurde aufgrund des hohen Zeitbedarfs und aus organisatorischen Gründen bei den Teilnehmern der Befragung keine gleichwertige Wissensbasis zum Thema AAL geschaffen. Die Befürchtung, dass dieser Umstand ein Problem darstellen kann, wird relativiert da davon ausgegangen werden kann, dass das Wissen von Teilnehmern einer Erstschulung zum Thema AAL ebenfalls nur sehr gering oder überhaupt nicht vorhanden ist und erst im Verlauf der Weiterbildungsmaßnahme, vielleicht unter Einsatz von PARO, vermittelt wird.

So gesehen war die Unkenntnis einer Definition von AAL bei den Teilnehmern der Befragung, die folgerichtig keine Vorstellung von den Möglichkeiten und der Anwendung von Technik in der Pflege hatten, für diese Befragung sogar wünschenswert.

„Was muss beachtet werden beim Formulieren der Fragen?"

In Anlehnung an Atteslander & Bender (1993) sowie Schnell et al. (1995) fanden nachfolgende Faustregeln bei der Erstellung dieses Fragebogens Beachtung.

- Die Fragen wurden eindeutig und klar formuliert. Die Befragungsteilnehmer sollten nicht erst überlegen müssen, was gemeint ist.

- Um in der Befragung herauszustellen, dass die Teilnehmer für sich selbst sprechen, wurden persönliche Einstellungen statt Annahmen über Einstellungen Anderer abgefragt.

- Die Fragen waren kurz, enthielten einfache Worte und bezogen sich jeweils nur auf einen Sachverhalt. Auf Fremdworte und Fachbegriffe wurde verzichtet.

- Die Sachverhalte wurden konkret angesprochen und provozierten keine bestimmte Antwort.

- Es wurde auf eine neutrale Formulierung geachtet. Die verwendeten Begriffe enthielten keine Wertung. Es wurde bei der Befragung immer der neutrale Begriff „PARO" verwendet und nicht etwa „Kuschelroboter" oder „Roboterrobbe".

- Es wurden auch keine Suggestivfragen wie „Finden Sie nicht auch, dass PARO gut für ihre Arbeit ist?" gestellt.

Nach Schnell et al. (1995) ist eine weitere Faustregel bei der Erstellung von Fragebögen, die Vermeidung von hypothetische Fragen, weil es den Befragungsteilnehmern unter Umständen nicht gleich gut gelingt, sich in eine bestimmte Situation zu versetzen.

Hypothetische Fragen konnten bei der Befragung nicht vermieden werden. Die Befragten mussten sich bei der Beantwortung einiger Fragen auf die Informationen aus dem im Vorfeld gezeigten Film stützen.

Mit hypothetischen Fragen kann zum Beispiel untersucht werden, wie einfach oder kompliziert sich die Teilnehmer den Umgang mit PARO vorstellen. Hier kann nur hypothetisch gefragt werden. Die Frageform stellt kein Problem dar, sondern war hier gewünscht und für die Ergebnisse relevant.

Der Film, welcher unmittelbar vor der Befragung gezeigt wurde, war gut geeignet, die Teilnehmer auf hypothetische Fragen in Bezug auf PARO vorzubereiten. Bei der Auswertung dieser Fragen war allerdings zu berücksichtigen, dass die Antworten auf der Vorstellungskraft der Teilnehmer und nicht auf Tatsachen beruhten.

4.3.2 Erstellung des Fragebogens

Um einschätzen zu können, ob PARO einen geeigneten „Türöffner" für die Akzeptanz von AAL, also für den Technikeinsatz in der Pflege darstellt, musste die Technikaffinität der Befragungsteilnehmer erfasst werden. Zu diesem Zweck kam der TA-EG-Fragebogen (TA: Technikaffinität – EG: Elektronische Geräte) zur Technikaffinität zur Anwendung (Karrer et al. 2009).

Dieser Fragebogen erfasst nicht nur einen einzelnen Bereich sondern die Gesamtheit der Technikaffinität. Er bezieht sich auf elektronische Geräte im Allgemeinen und nicht nur auf eine bestimmte Gruppe von Geräten wie zum Beispiel Smartphones oder Computer. Der oder die Befragte soll hier auf seine gesamten persönlichen Erfahrungen zurückgreifen können und eine allgemeine Auskunft über seine Technikaffinität geben können.

Das Alleinstellungsmerkmal dieses Teils der Befragung ist der fehlende Bezug zu PARO. Weil die Gefahr bestand, dass die Beantwortung der Fragen zur allgemeinen Technikaffinität nach der Vorführung des PARO-Filmes nicht mehr die Erfahrungen der Befragten mit der Gesamtheit aller elektronischen Geräte einbezieht, wurde dieser Fragebogenteil vor der Filmvorführung beantwortet.

Bei der Erstellung des Fragebogens wurden die kategorisierten Ergebnisse der Fokusgruppe unter Beachtung der in Kapitel 4.3.1 aufgestellten Richtlinien und Konventionen einbezogen. Im Folgenden werden die Elemente für die Befragung genannt, die Antwortmöglichkeiten aufgezeigt und ihre Relevanz verdeutlicht. Um bei der Befragung einen guten Lesefluss für die Teilnehmer zu wahren, unterscheidet sich die Reihenfolge der Fragebogenelemente auf dem fertigen Fragebogen von der Reihenfolge der Kategorien.

Der fertige Fragebogen, wie er in den Wohneinrichtungen zur Anwendung kam, ist im Anhang zu finden (Anhang: Fragebogen).

Kategorie 1 technische Unterstützung in der Pflege (AAL):

Ich denke, dass ich keine Probleme bei der Bedienung von PARO hätte.

Trifft voll zu　　　　　　○

Trifft eher zu　　　　　　○

Teils / teils　　　　　　○

Trifft eher nicht zu　　　　　　○

Trifft gar nicht zu　　　　　　○

Kann ich nicht beurteilen　　　　　　○

Hier soll gezeigt werden, wie gut sich die Befragten die hypothetische Handhabung des Systems PARO vorstellen. Wird PARO als einfach oder kompliziert zu bedienendes elektronisch-technisches System verstanden?

Kategorie 2 PARO:

PARO kann professionelle Pflegekräfte und Betreuer bei ihrer Arbeit mit dem Bewohner unterstützen.

Trifft voll zu　　　　　　○

Trifft eher zu　　　　　　○

Teils / teils　　　　　　○

Trifft eher nicht zu　　　　　　○

Trifft gar nicht zu　　　　　　○

Kann ich nicht beurteilen　　　　　　○

Diese Aussage wurde am Anfang der Befragung platziert. Den Befragten wurde so die Möglichkeit gegeben, sich auf das Thema PARO in der professionellen

Pflege und Betreuung einzustellen und sich gedanklich mit der Sinnhaftigkeit von PARO in ihrem eigenen Berufsumfeld auseinanderzusetzen.

Es wurde speziell die Unterstützung für professionelle Pflegekräfte und Betreuer abgefragt, da alle Befragungsteilnehmer einen pflegerischen Beruf ausüben und die Bereiche der privaten und der professionellen Pflege durch diese Frageformulierung nicht vermischt werden.

Ich würde PARO gerne bei meiner Arbeit mit den Bewohnern einsetzen.

Trifft voll zu   ◯

Trifft eher zu   ◯

Teils / teils   ◯

Trifft eher nicht zu   ◯

Trifft gar nicht zu   ◯

Kann ich nicht beurteilen   ◯

Hier wurde abgefragt, ob bei den Teilnehmern der Befragung nach der Vorführung des Filmes die Bereitschaft besteht, PARO bei der Pflege oder Betreuung, also bei ihrer Arbeit, einzusetzen.

Diese hypothetische Frage steht ebenfalls am Beginn des Fragebogens. Der oder die Befragte musste sich gedanklich mit dem Einsatz von PARO im eigenen beruflichen Umfeld auseinandersetzen. Wenn ein Einsatz von PARO durch die Teilnehmer der Befragung gewünscht ist, kann davon ausgegangen werden, dass sich die Befragten ebenfalls mit dem Gedanken auseinandergesetzt haben, wo und wie sie PARO einsetzen würden.

Kategorie 3 Aus- und Weiterbildung:

Ich möchte PARO gerne ausprobieren.

Trifft voll zu   ○

Trifft eher zu   ○

Teils / teils   ○

Trifft eher nicht zu   ○

Trifft gar nicht zu   ○

Kann ich nicht beurteilen   ○

Mit dieser Aussage wurde überprüft, ob eine praktische Anwendung von PARO überhaupt gewünscht ist und ob bei den Befragten eine Bereitschaft besteht, sich auf ein solches technisches System einzulassen. Weiterhin ist die Einschätzung dieser Aussage ein Indikator für die Neugier der Teilnehmer.

Kategorie 4 Ethik:

Mehr Einsatz von technischen Assistenzsystemen im Pflegebereich bedeutet für mich:

	Ja	Nein	Kann ich nicht beurteilen
Entlastung des Pflegepersonals	○	○	○
Verlust der Nähe zwischen Bewohner und Pfleger	○	○	○
Weniger Dokumentationsaufwand	○	○	○
Verletzungen des Datenschutzes	○	○	○
Personaleinsparungen	○	○	○
Verletzung der Würde des Bewohners	○	○	○

Die vorgegebenen Antwortmöglichkeiten sind im Rahmen des Fokusgruppengesprächs thematisiert worden. Neben der Beantwortung der Auswahlfragen, konnten die Teilnehmer hier Freitextangaben vornehmen.

Wenn Sie möchten, beschreiben Sie kurz, was sich durch den Einsatz von technischen Assistenzsystemen im Pflegebereich in Zukunft ändern könnte.

Diese Begriffe stehen aufgrund ihrer potenziell beeinflussenden Wirkung am Ende der Befragung.

Die Ergebnisse aus der Beantwortung der Kategorie „Ethik" können genutzt werden, um bei späteren Schulungen zum Thema Technik in der Pflege besser auf ethische Fragen eingehen zu können.

Ohne Bezug zur Fokusgruppe:

Ich hatte vor dem gezeigten Film bereits von PARO gehört.

Ja   ○

Nein   ○

Diese Aussage kann bei der Auswertung zur Gegenüberstellung dieser beiden Gruppen verwendet werden. Zum Beispiel kann so die Frage beantwortet werden, ob sich die Angaben der Teilnehmer, die im Vorfeld schon Kenntnis von PARO hatten, von den Aussagen der übrigen Teilnehmer unterscheiden. Diese Frage wurde in den Fragebogen aufgenommen weil zu Anfang nicht erkennbar war, ob eine gesonderte Betrachtung dieser Antworten notwendig sein wird. Diese Frage wurde als Alternativfrage gestellt, weil es hier nur zwei Antwortmöglichkeiten geben kann.

PARO hat mich neugierig gemacht, mehr über den Einsatz von technischen Assistenzsystemen im Pflegebereich zu erfahren.

Trifft voll zu   ◯

Trifft eher zu   ◯

Teils / teils   ◯

Trifft eher nicht zu   ◯

Trifft gar nicht zu   ◯

Kann ich nicht beurteilen   ◯

Diese Frage ist wichtig, weil mit ihr Informationen darüber gewonnen werden, ob PARO ein geeignetes, anschauliches Mittel ist, um zum Beispiel bei Schulungen das Interesse der Teilnehmer für weitere Systeme zu wecken oder zu verstärken. Wenn diese Aussage nach den anderen PARO-Fragen gegen Ende der Befragung platziert wird, kann davon ausgegangen werden, dass sich bei den Teilnehmern eine bestmögliche Vorstellung von PARO entwickelt hat und somit gut beurteilt werden kann, ob PARO Neugier auslöst.

PARO veranschaulicht für mich, wie der Einsatz technischer Assistenzsysteme im Pflegebereich umgesetzt sein kann.

Trifft voll zu   ◯

Trifft eher zu   ◯

Teils / teils   ◯

Trifft eher nicht zu   ◯

Trifft gar nicht zu   ◯

Kann ich nicht beurteilen   ◯

Mit der Antwort auf diese Frage werden Erkenntnisse darüber erlangt, ob PARO als Anschauungsmaterial für den Einsatz von Technik in der Pflege wahrgenommen wird und wie gut diese Eigenschaft eingeschätzt wird. Die Antworten können Rückschlüsse auf den erfolgreichen Einsatz von PARO im Rahmen von Schulungen zum Thema AAL zulassen.

Ich denke, dass PARO und andere technische Assistenzsysteme zukünftig vermehrt im Pflegebereich eingesetzt werden.

Trifft voll zu   ○

Trifft eher zu   ○

Teils / teils   ○

Trifft eher nicht zu   ○

Trifft gar nicht zu   ○

Kann ich nicht beurteilen   ○

Die Einschätzung dieser Aussage soll zeigen, wie die Befragungsteilnehmer die zukünftige technische Entwicklung in ihrem Berufsfeld sehen.

Ich finde, dass PARO sich als Anschauungsmaterial z.B. bei Weiterbildungen für technische Assistenzsysteme in der Pflege eignet.

Trifft voll zu   ○

Trifft eher zu   ○

Teils / teils   ○

Trifft eher nicht zu   ○

Trifft gar nicht zu   ○

Kann ich nicht beurteilen   ○

Diese Frage ist wichtig, weil mit der Beantwortung gezeigt wird, wie PARO als Lern- und Anschauungsmaterial aus der Sicht der Betreuungskräfte bewertet wird.

Damit bei den Teilnehmern nicht das Gefühl ausgelöst wird, dass ihre Anonymität in Gefahr ist, wurden nur zwingend benötigte Angaben abgefragt.

Bitte geben Sie Ihr Geschlecht an:

     weiblich   ◯

     männlich   ◯

Wie alt sind Sie?

                         Jahre

____

Um bei der Auswertung Aussagen über einen möglichen Zusammenhang zwischen Alter, Geschlecht und Technik in der Pflege darstellen zu können, werden nur wenige demografische Daten benötigt. Die Fragen nach dem Geschlecht, dem Alter und der Ausbildung werden am Ende des Fragebogens platziert.

Da die Teilnehmer alle einen Beruf mit einem pflegerischen Anteil ausüben und die Berufe bekannt sind, kann hier ebenfalls eine Selektion im Vorfeld erfolgen, was den Aufwand für die Teilnehmer minimiert. Es wird erneut die Listen- bzw. Katalogfrage verwendet und eine Möglichkeit für eine abweichende Angabe geboten.

Bitte nennen Sie Ihren höchsten Berufsabschluss:

Altenpflegehelfer/in	○
Altenpfleger/in	○
Heilerziehungspfleger/in	○
Krankenschwester/-pfleger	○
Erzieher/in	○
in Ausbildung	○
Sonstiges und zwar:	○

Beim Rücklauf der ausgefüllten Fragebögen wurde durch den Begleiter der Befragung streng darauf geachtet, dass die beiden Teile der Befragung wieder zusammengeführt wurden. So wurde gewährleistet, dass beide Teile von derselben Person ausgefüllt worden sind und dass die Auswertung nicht verfälschend beeinträchtigt werden konnte.

Um eine ungewollte Beeinflussung zu vermeiden, beschränkte sich die jeweilige schriftliche Einleitung zu den Teilen des Fragebogens auf wesentliche Informationen, welche bei der Beantwortung der Fragen hilfreich sind.

Begriffe wie „Technik" und „AAL" wurden in der Einleitung der Umfrage vermieden. Um weder falsche Erwartungen zu wecken, noch zu viel über die Befragung preiszugeben, wurde das allgemeine Thema mit „Fragebogen zur Diplomarbeit von Martin Wild" bezeichnet und zusammen mit dem Logo des Fachbereiches in der Kopfzeile platziert.

4.3.3 Durchführung der Fragebogenbefragung

Um mindestens 100 Mitarbeiter aus dem Bereich Pflege und Betreuung zu befragen, war es notwendig, die Erhebung an mehreren Tagen bei einer Gruppengröße von 8 bis 15 Teilnehmern durchzuführen.

Alle Teilnehmer übten zum Zeitpunkt der Erhebung einen Beruf mit pflegerischen Tätigkeiten aus. Die Befragungsteilnehmer sind durch ihre Arbeit in der häuslichen Umgebung von Menschen mit einer Behinderung geeignet, einen Einsatz von Technik in der Pflege einschätzen zu können.

Alle Teilnehmer der Befragung kennen durch ihre tägliche Arbeit die Situation der Bewohner und somit auch deren Wunsch, bis ins hohe Alter in der Wohnstätte bleiben zu können.

Die Befragung folgte immer dem gleichen Ablauf:

- Begrüßung der Teilnehmer

- Befragung mittels TA-EG-Fragebogen

- Vorführung des Filmes, welcher den Einsatz von PARO bei demenziell erkrankten Menschen zeigt (5:34 min)

- zweiter Teil der Befragung

Eine Befragung von 8 bis 15 Teilnehmern dauerte circa 45 Minuten.

5 Auswertung und Ergebnisse

Die bei der Befragung in den Wohnstätten erhobenen Daten wurden zur nachfolgenden Auswertung herangezogen. Um die Auswertung bewältigen zu können und um die Daten für spätere Analysen in ein adäquates Format zu überführen, kam die Software SPSS in der Version 22 zum Einsatz. Die Grafiken wurden mit Microsoft Excel 2013 realisiert.

5.1 Hypothesen

Anhand der Überprüfung von Hypothesen, lässt sich darlegen, ob der Robbenroboter PARO als praktisches Anschauungsmaterial für ein AAL-System in der Weiterbildung für Pflegekräfte dienen kann und somit den Zugang zu AAL-Technik im Allgemeinen, auch für wenig technikaffine Menschen, herstellen kann.

Die Fragestellung dieser Arbeit beinhaltet mehrere Aspekte. Unter Zuhilfenahme von fünf Hypothesen wurde überprüft, inwieweit die Angaben der Befragungsteilnehmer zur Beantwortung dieser Hauptfragestellung beitragen können.

Hypothese 1:

PARO wird von Personen in Pflegeberufen als geeignetes Anschauungsmaterial bei Weiterbildungen für technische Assistenzsysteme in der Pflege gesehen.

Diese Hypothese wurde aufgestellt, da mit ihrer Überprüfung ein Teil der Fragestellung direkt beantwortet werden kann. Die Angaben zu folgenden Fragen sind für die Überprüfung dieser Hypothese von Bedeutung gewesen.

- Ich finde, dass PARO sich als Anschauungsmaterial z.B. bei Weiterbildungen für technische Assistenzsysteme in der Pflege eignet.

- PARO hat mich neugierig gemacht, mehr über den Einsatz von technischen Assistenzsystemen im Pflegebereich zu erfahren.

Hypothese 2:

Die Menschen, denen der Film von PARO im Einsatz in einer Pflegeeinrichtung vorgeführt wurde, würden PARO gerne bei ihrer Arbeit mit den Bewohnern einsetzen.

Mit der Überprüfung dieser Hypothese kann festgestellt werden, ob die Teilnehmer der Befragung PARO als sinnvolles Mittel bei der Verrichtung ihrer täglichen Arbeit sehen. Die Antworten auf folgende Fragen des Fragebogens wurden verwendet, um diese Hypothese zu überprüfen:

- Ich würde PARO gerne bei meiner Arbeit mit den Bewohnern einsetzen.

- Ich möchte PARO gerne ausprobieren.

<u>Hypothese 3:</u>

Die Bedienung von PARO als technisches Assistenzsystem wird von Menschen in Pflegeberufen als einfach eingeschätzt.

Um zu erkennen ob PARO ein einfaches oder kompliziertes System ist, wurde diese Hypothese zur Überprüfung aufgestellt.

Die Beantwortung der nachfolgenden Frage wird zur Überprüfung herangezogen:

- Ich denke, dass ich keine Probleme bei der Bedienung von PARO hätte.

<u>Hypothese 4:</u>

Menschen in Pflegeberufen, denen PARO vorgestellt wurde, gehen davon aus, dass zukünftig vermehrt technische Assistenzsysteme im Pflegebereich eingesetzt werden.

Diese Hypothese wurde aufgestellt, da es von Bedeutung für den Erfolg einer Weiterbildung sein kann, wenn ein Schulungsbedarf aufgrund von zukünftigen technischen Neuerungen von den Teilnehmern der Maßnahme erkannt wird.

Die vierte Hypothese wird mit den Antworten auf folgende Frage untersucht:

- Ich denke, dass PARO und andere technische Assistenzsysteme zukünftig vermehrt im Pflegebereich eingesetzt werden.

<u>Hypothese 5:</u>

PARO eignet sich als Beispiel für den Einsatz technischer Assistenzsysteme im Pflegebereich.

Diese Hypothese wurde mit direktem Bezug zur Fragestellung dieser Arbeit formuliert. Um die letzte Hypothese überprüfen zu können, wurden die Angaben der Befragungsteilnehmer auf die folgende Aussage aus dem Fragebogen betrachtet.

- PARO veranschaulicht für mich, wie der Einsatz technischer Assistenzsysteme im Pflegebereich umgesetzt sein kann.

5.2 Beschreibung der Stichprobe

Zunächst wird die Zusammensetzung der Stichprobe aufgezeigt. Häufigkeiten werden dargestellt und beschrieben.

An der Befragung nahmen 118 Personen teil. Jeder Befragte übte zum Zeitpunkt der Befragung einen Beruf mit einem pflegerischen Anteil aus. Die Stichprobe setzte sich aus 82 weiblichen und 35 männlichen Mitarbeitern von Wohnstätten für Menschen mit Beeinträchtigung zusammen.

Traditionell fällt die Betreuung kleiner Kinder, von Menschen mit Behinderungen und kranker und alter Menschen in den Aufgabenbereich von Frauen. Die Ausbildungen zur Pflegefachkraft und in der Krankenpflege werden auch heute noch überwiegend von Personen weiblichen Geschlechts absolviert. Der Anteil männlicher Altenpfleger in Pflegeheimen beträgt im Jahr 2013 gerade einmal 16,5% (Statistisches Bundesamt 2014). Dass die inhaltlichen Schwerpunkte der Ausbildung zur Erzieherin bzw. zum Erzieher auf der Betreuung von Kindergartenkindern liegen und Frauen diese Aufgabe traditionellerweise in den Familien übernahmen, kann als ein Grund betrachtet werden, warum auch heute noch vor allem Frauen diesen Beruf ausüben.

Die Stichprobe dieser Befragung, bei der die Teilnehmer alle einen Beruf mit einem pflegerischen Anteil ausüben, besteht daher erwartungsgemäß mehrheitlich (69,5%) aus weiblichen Personen.

Zur Darstellung der Altersstruktur der Befragungsteilnehmer wurden die Angaben zu Altersgruppen zusammengefasst. Eine solche Gruppierung ist bei den nachfolgenden Analysen aus Gründen der Übersichtlichkeit und Verständlichkeit sinnvoll. Es wurden insgesamt 5 Altersgruppen gebildet, die jeweils 10 Jahre umfassen. Unter 25 Jahre alt sind 11% der Mitarbeiter/innen. 12,7% dagegen sind 55 Jahre oder älter.

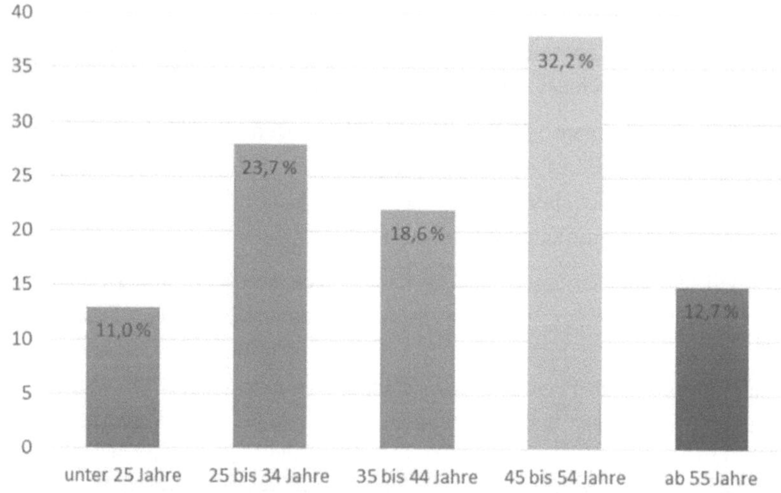

Abbildung 6: Altersstruktur der Befragungsteilnehmer

32,2% der Mitarbeiter/innen befinden sich in der Altersgruppe von 45 bis 54 Jahren, was zusammen mit den über 55-Jährigen fast die Hälfte aller Mitarbeiter/innen ausmacht (**Fehler! Verweisquelle konnte nicht gefunden werden.**).

Mit 18,6% ist die Altersgruppe der 35- bis 44-Jährigen Beschäftigten mit pflegerischen Tätigkeiten vertreten.

Eine Erklärung für die prozentuale Verteilung der Altersgruppen findet sich unter Hinzuziehen von Abbildung 2: Belegungsstatistik stationär Betreutes Wohnen auf Seite 7. In den Jahren 1981 bis 1994 stiegen die Bewohnerzahlen in den Wohneinrichtungen der Sozialen Förderstätten für Behinderte e.V. leicht, aber kontinuierlich an. 1995, mit der Errichtung einer neuen Wohnstätte, stieg die Zahl der Bewohner und somit auch die der Mitarbeiter/innen sprunghaft stark an und blieb in der Folge elf Jahre lang relativ konstant.

Neueinstellungen von Personal fanden während dieses Zeitraumes kaum statt, da die Anzahl der Mitarbeiter an die Anzahl der zu Betreuenden gekoppelt ist. Ausgehend von einem Einstellungsalter von durchschnittlich Mitte zwanzig befinden sich die in 1995 eingestellten Mitarbeiter/innen heute in einem Alter von 45 Jahren aufwärts.

Erst 2006, mit der Eröffnung einer weiteren Wohnstätte, wurde wieder zusätzliches Personal benötigt und eingestellt, was sich in den 23,7% der 25- bis 34-jährigen und den 11,0% der unter 25-jährigen Mitarbeiter/innen widerspiegelt. Die elf Jahre ohne nennenswerte Personaleinstellungen schlagen sich in der Zahl der 35 bis 44 Jahre alten Mitarbeiter/innen (18,6%) nieder.

28% der Befragten gaben als Beruf Altenpfleger oder Altenpflegerin an. Krankenpfleger oder Krankenpflegerin war mit 16% der zweithäufigste Beruf bei dieser Stichprobe. Den Beruf des/der Heilerziehungspfleger/in gaben 12% der Teilnehmer an. Die Altenpflegehelfer/innen waren noch mit 10% vertreten. Es haben 11% Quereinsteiger, mit einer tätigkeitsfremden Ausbildung an der Befragung teilgenommen. Unabhängig von der hier angegebenen Berufsausbildung übte jeder Teilnehmer der Befragung zum Zeitpunkt der Erhebung eine Tätigkeit mit pflegerischem Hintergrund aus.

Die   nachfolgende

PARO kann professionelle Pflegekräfte und Betreuer bei ihrer Arbeit mit dem Bewohner unterstützen.

		Häufigkeit	Prozent	Gültige Prozent	Kumulative Prozente
Gültig	Trifft voll zu	52	44,1	44,1	44,1
	Trifft eher zu	39	33,1	33,1	77,1
	Teils / Teils	23	19,5	19,5	96,6
	Kann ich nicht beurteilen	4	3,4	3,4	100,0
	Gesamtsumme	118	100,0	100,0	

Tabelle 2: PARO kann unterstützen

verdeutlicht die Sicht der Befragten auf die unterstützenden Eigenschaften von PARO. Es kann davon ausgegangen werden, dass die Befragungsteilnehmer mit der Angabe „Teils / Teils" noch immer einen teilweisen unterstützenden Einfluss von PARO während der professionellen Betreuungsarbeit erkennen. Demzufolge stimmen 96% aller Teilnehmer der Befragung zu, dass PARO bei der Arbeit der Betreuer mit dem Bewohner, unterstützen kann.

PARO kann professionelle Pflegekräfte und Betreuer bei ihrer Arbeit mit dem Bewohner unterstützen.

		Häufigkeit	Prozent	Gültige Prozent	Kumulative Prozente
Gültig	Trifft voll zu	52	44,1	44,1	44,1
	Trifft eher zu	39	33,1	33,1	77,1
	Teils / Teils	23	19,5	19,5	96,6
	Kann ich nicht beurteilen	4	3,4	3,4	100,0
	Gesamtsumme	118	100,0	100,0	

Tabelle 2: PARO kann unterstützen

5.3 Technikaffinität

Der TA-EG-Fragebogen ist ein Konstrukt zur Überprüfung der allgemeinen Technikaffinität der Befragungsteilnehmer. Er umfasst 19 Fragen und kann in vier Subskalen aufgeteilt werden (Karrer et al. 2009). Zur Auswertung ergeben sich somit folgende Bereiche der Technikaffinität: „Kompetenz", „negative Einstellung" und „positive Einstellung" sowie „Begeisterung".

Um die vier Subskalen des TA-EG-Fragebogens vergleichend betrachten zu können war es notwendig, die Daten der Befragung umzucodieren. Es wurden die Werte der fünf Items „Trifft voll zu" bis „Trifft gar nicht zu" so codiert, dass positiv zu wertende Angaben der Befragungsteilnehmer immer den Wert „5" und negative immer den Wert „1" erhielten. Beispielhaft für dieses Verfahren soll folgende SPSS-Syntax die Vorgehensweise verdeutlichen:

RECODE f1_TAEG01_liebe (1=5) (2=4) (4=2) (5=1) (ELSE=Copy) (MISSING=Copy) INTO tr_TAEG01_liebe.

VARIABLE LABELS tr_TAEG01_liebe 'TA-EG01 umkodiert'.

FORMATS tr_TAEG01_liebe (f8.0).

MISSING VALUES tr_TAEG01_liebe (999).

EXECUTE.

Das obige Beispiel zeigt wie die Daten der Frage „Ich liebe es, elektronische Geräte zu besitzen." umcodiert und anschließend zur weiteren Verwendung in die neue Variable „tr_TAEG01_liebe" übertragen werden.

Die Auswertung der Kompetenzskala des TA-EG Fragebogens zeigte mit 72,9% eine neutrale Ausprägung bei der Technikkompetenz der Befragten. Ein ähnliches Bild ergab sich bei der Betrachtung zur Häufigkeitsverteilung der negativen und positiven Einstellungsskala zur Technikaffinität, auch hier ist deutlich eine neutrale Ausprägung bei den Angaben der Teilnehmer der Befragung zu erkennen.

Wie in Tabelle 3: Vergleich der Subskalen des TA-EG Fragebogens zu sehen ist, ergibt sich ein abweichendes Bild bei der Betrachtung der Begeisterungsskala des Fragebogens zur Technikaffinität. Hier ist zu erkennen, dass ein Anteil von 33,9% der Befragten, also 40 Personen, die Fragen zur Begeisterung negativ beantwortet haben.

Der Verdacht, dass die negative Beantwortung dieses Teils des Fragebogens durch das Geschlecht, das Alter oder den Beruf der Befragungsteilnehmer beeinflusst wurde, konnte durch Analysen dieser Gruppen nicht bestätigt werden.

	negativ	neutral	positiv
Kompetenzskala	13,6%	72,9%	13,6%
negative Einstellungsskala	3,4%	84,7%	11,9%
positive Einstellungsskala	11,0%	72,0%	16,9%
Begeisterungsskala	33,9%	59,3%	6,8%

Tabelle 3: Vergleich der Subskalen des TA-EG Fragebogens

Somit ist davon auszugehen, dass die meisten Teilnehmer der Befragung (70 Personen) eine neutrale Technikbegeisterung aufweisen. Eine negative Begeisterung für Technik wurde bei 40 Personen ermittelt.

Im weiteren Verlauf der Untersuchungen war diese Gruppe wegen ihrer negativen Technikbegeisterung deshalb interessant, da an ihr gezeigt werden konnte, ob PARO in dieser Personengruppe anders als bei den übrigen Befragungsteilnehmern wahrgenommen wurde. Die Gruppe mit negativer Begeisterung wird im Folgenden als „negative Begeisterungsgruppe" bezeichnet und für weitere Analysen herangezogen. Die übrigen Teilnehmer der Befragung werden bei diesen Analysen als „neutral/positiv Begeisterungsgruppe" bezeichnet.

Die nachfolgenden Balkendiagramme in **Fehler! Verweisquelle konnte nicht gefunden werden.** veranschaulichen die Daten, welche aus der Beantwortung der vier Subskalen des Fragebogens zur Technikaffinität erhoben wurden.

Die meisten Befragungsteilnehmer gaben neutrale Antworten bei der Befragung zur Technikaffinität. Bei dieser Darstellung ist gut zu erkennen, dass die Daten der Begeisterungsskala abweichen und sich somit ein Anhaltspunkt zu weiteren Analysen bei der Auswertung des TA-EG Fragebogens ergibt.

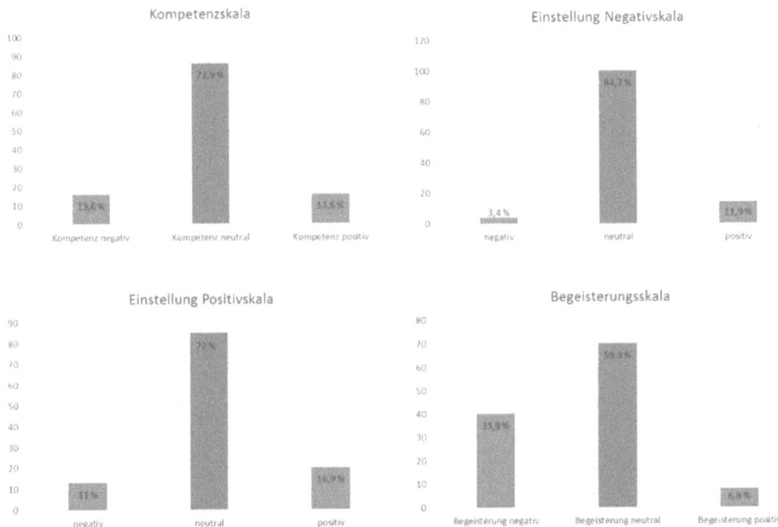

Abbildung 7: Vergleich der TA-EG-Subskalen

5.4 Überprüfung der Hypothesen

In diesem Kapitel werden die Ergebnisse des Fragebogens verwendet, um die vorher aufgestellten Hypothesen anhand der Stichprobe zu überprüfen.

Zunächst werden die Antworten auf Fragen, welche für die Überprüfung relevant sind, einer Häufigkeitsanalyse unterzogen und die Ergebnisse dargestellt. Besonders interessant ist dabei zu untersuchen, wie die 40 Befragungsteilnehmer der negativen Begeisterungsgruppe die relevanten Fragen beantworteten. Durch eine Gegenüberstellung dieser Gruppe mit den übrigen Befragungsteilnehmern (neutral/positiv Begeisterungsgruppe) können Aussagen darüber getroffen werden, ob PARO auch für wenig technikaffine Menschen ein geeignetes Anschauungsmaterial ist und somit den Zugang zur Technik auch für diese Gruppe herstellen kann.

Die erste Hypothese lautet:

PARO wird von Personen in Pflegeberufen als geeignetes Anschauungsmaterial bei Weiterbildungen für technische Assistenzsysteme in der Pflege gesehen.

Eine Häufigkeitsanalyse zeigt, dass 80,5% aller Teilnehmer der Befragung der Aussage, dass sich PARO als Anschauungsmaterial bei Weiterbildungen für technische Assistenzsysteme in der Pflege eignet, zustimmten. Lediglich 3,4%, also 4 Personen, stimmten eher nicht zu. 11,9% also Teilnehmer gaben hier „Teils / Teils" an, was bedeutet, dass auch hier noch teilweise Zustimmung besteht. (

).

Ich finde, dass PARO sich als Anschauungsmaterial z.B. bei Weiterbildungen für technische Assistenzsysteme in der Pflege eignet.

		Häufigkeit	Prozent	Gültige Prozent	Kumulative Prozente
Gültig	Trifft voll zu	52	44,1	44,1	44,1
	Trifft eher zu	43	36,4	36,4	80,5
	Teils / Teils	14	11,9	11,9	92,4
	Trifft eher nicht zu	4	3,4	3,4	95,8
	Kann ich nicht beurteilen	5	4,2	4,2	100,0
	Gesamtsumme	118	100,0	100,0	

Ich finde, dass PARO sich als Anschauungsmaterial z.B. bei Weiterbildungen für technische Assistenzsysteme in der Pflege eignet.

		Häufigkeit	Prozent	Gültige Prozent	Kumulative Prozente
Gültig	Trifft voll zu	52	44,1	44,1	44,1
	Trifft eher zu	43	36,4	36,4	80,5
	Teils / Teils	14	11,9	11,9	92,4
	Trifft eher nicht zu	4	3,4	3,4	95,8
	Kann ich nicht beurteilen	5	4,2	4,2	100,0
	Gesamtsumme	118	100,0	100,0	

Tabelle 4: PARO als Anschauungsmaterial

Eine zweite Aussage wird herangezogen, um die oben genannte Hypothese zu überprüfen. Neugier ist der Wunsch etwas Bestimmtes zu erfahren. Wenn ein Teilnehmer einer Weiterbildung mehr über das Thema erfahren möchte, also neugierig ist, kann das den Erfolg der Weiterbildung nur positiv beeinflussen. Es kann demnach davon ausgegangen werden, dass geeignete Anschauungsmaterialien in Weiterbildungen in der Lage sind, Neugier auszulösen, und somit den Wunsch wecken können, mehr über das Thema der Schulung erfahren zu wollen.

PARO hat mich neugierig gemacht, mehr über den Einsatz von technischen Assistenzsystemen im Pflegebereich zu erfahren.

		Häufigkeit	Prozent	Gültige Prozent	Kumulative Prozente
Gültig	Trifft voll zu	46	39,0	39,0	39,0
	Trifft eher zu	39	33,1	33,1	72,0
	Teils / Teils	21	17,8	17,8	89,8
	Trifft eher nicht zu	10	8,5	8,5	98,3
	Trifft gar nicht zu	1	,8	,8	99,2
	Kann ich nicht beurteilen	1	,8	,8	100,0
	Gesamtsumme	118	100,0	100,0	

Tabelle 5: PARO macht Neugierig

Bei der Darstellung der Häufigkeiten in

Tabelle 5: PARO macht Neugierig

ist zu erkennen, dass 72% aller Teilnehmer zustimmten, dass PARO Neugier weckt, mehr über den Einsatz von technischen Assistenzsystemen zu erfahren. 17,8% der Befragten gaben hier „Teils / Teils" an, was noch immer ein teilweise Zustimmung bedeutet.

Um zu analysieren, ob ein signifikanter Unterschied bei der Beantwortung der Fragen zwischen der negativen Begeisterungsgruppe (40 Personen) und der neutral/positiv Begeisterungsgruppe (78 Personen) bei der Beantwortung dieser Frage bestand wurden weitere statistische Analysen durchgeführt.

Ein T-Test, um einen Mittelwertvergleich durchzuführen, kommt nicht in Betracht, da hier keine intervallskalierten Daten vorliegen. Bei ordinalen Daten, die durch diese Befragung gewonnen wurden, kommt der U-Test nach Mann-Whitney zum Einsatz (Bortz & Schuster 2010). Der U-Test eignet sich zur Überprüfung von Signifikanzen bei ordinalen Daten unabhängiger Stichproben, wie sie hier vorliegen. Die unabhängigen Stichproben wurden von den beiden oben definierten Begeisterungsgruppen (neutral/positiv und negativ) gebildet.

Da der U-Test ein nichtparametrischer Test ist wurde zuvor eine Untersuchung auf Normalverteilung der Daten durchgeführt. Der dazu verwendete Shapiro-Wilk-Test zeigte, dass bei der Stichprobe keine Normalverteilung vorliegt und folgerichtig der U-Test nach Mann-Whitney Anwendung finden konnte (Bortz & Schuster 2010).

Die Null-Hypothese (H_0) für die U-Tests lautet:

Die Aussagen der negativen Begeisterungsgruppe und die der neutral/positiv Begeisterungsgruppe bei der Beantwortung der im Fragebogen gestellten Behauptungen sind identisch.

Zunächst wurde der Mann-Whitney-U-Test bei der Untersuchung der Antworten auf die Behauptung „PARO hat mich neugierig gemacht, mehr über den Einsatz von technischen Assistenzsystemen im Pflegebereich zu erfahren." angewandt.

Der U-Test für unabhängige Stichproben lieferte bei dieser ersten Untersuchung einen Signifikanzwert von 0,619. Da das Signifikanzniveau bei 0,05 liegt wird hier die Nullhypothese beibehalten. Es wurde bestätigt, dass die Antworten der untersuchten Begeisterungsgruppen keinen signifikanten Unterschied aufweisen. Im Anhang befinden sich zur Verdeutlichung der U-Test-Ergebnisse die von SPSS ausgegebenen Tabellen (Anhang: Mann-Whitney-U-Test Ergebnisse).

Die erste Hypothese wird somit bestätigt.

Die Schlussfolgerung dieser ersten Untersuchung lautet, dass PARO sehr gut als Anschauungsmaterial in Weiterbildungen für Menschen in Pflegeberufen geeignet ist. Alle Befragten gaben bei den relevanten Fragen eine gleichermaßen hohe Zustimmung an. Es wurden weiterhin keine signifikanten Unterschiede bei der Beantwortung dieser Frage zwischen den beiden Begeisterungsgruppen aufgedeckt.

Es kann die somit klare Empfehlung abgeleitet werden, dass PARO bei Weiterbildungen für technische Assistenzsysteme in der Pflege gezeigt werden sollte.

Die zweite Hypothese lautet:

Die Menschen, denen der Film von PARO im Einsatz in einer Pflegeeinrichtung vorgeführt wurde, würden PARO gerne bei ihrer Arbeit mit den Bewohnern einsetzen.

Zur Überprüfung dieser Hypothese wurden Häufigkeitsanalysen und U-Tests an den Daten, welche sich aus zwei Aussagen der Befragung ergaben, untersucht: „Ich würde PARO gerne bei meiner Arbeit mit den Bewohnern einsetzen." und „Ich würde PARO gerne ausprobieren".

Ich würde PARO gerne bei meiner Arbeit mit den Bewohnern einsetzen.

		Häufigkeit	Prozent	Gültige Prozent	Kumulative Prozente
Gültig	Trifft voll zu	51	43,2	43,2	43,2
	Trifft eher zu	32	27,1	27,1	70,3
	Teils / Teils	26	22,0	22,0	92,4
	Trifft eher nicht zu	8	6,8	6,8	99,2
	Kann ich nicht beurteilen	1	,8	,8	100,0
	Gesamtsumme	118	100,0	100,0	

Tabelle 6: PARO einsetzen

Ich würde PARO gerne bei meiner Arbeit mit den Bewohnern einsetzen.

		Häufigkeit	Prozent	Gültige Prozent	Kumulative Prozente
Gültig	Trifft voll zu	51	43,2	43,2	43,2
	Trifft eher zu	32	27,1	27,1	70,3
	Teils / Teils	26	22,0	22,0	92,4
	Trifft eher nicht zu	8	6,8	6,8	99,2
	Kann ich nicht beurteilen	1	,8	,8	100,0
	Gesamtsumme	118	100,0	100,0	

Tabelle 6: PARO einsetzen

zeigt, dass 70,3% aller Befragten dieser Aussage zustimmten. „Teils / Teils" wurde von 22% der Teilnehmer angegeben. Es gab keine vollständige Ablehnung, 6,8% stimmten der Aussage eher nicht zu.

77,1% aller Teilnehmer der Befragung möchten PARO bei der Arbeit mit den Bewohnern ausprobieren. 16,9% gaben bei dieser Frage „Teils / Teils" an (

Ich möchte PARO gerne ausprobieren.

		Häufigkeit	Prozent	Gültige Prozent	Kumulative Prozente
Gültig	Trifft voll zu	64	54,2	54,2	54,2
	Trifft eher zu	27	22,9	22,9	77,1
	Teils / Teils	20	16,9	16,9	94,1
	Trifft eher nicht zu	6	5,1	5,1	99,2
	Kann ich nicht beurteilen	1	,8	,8	100,0
	Gesamtsumme	118	100,0	100,0	

Tabelle 7: PARO ausprobieren

).

Ich möchte PARO gerne ausprobieren.

		Häufigkeit	Prozent	Gültige Prozent	Kumulative Prozente
Gültig	Trifft voll zu	64	54,2	54,2	54,2
	Trifft eher zu	27	22,9	22,9	77,1
	Teils / Teils	20	16,9	16,9	94,1
	Trifft eher nicht zu	6	5,1	5,1	99,2
	Kann ich nicht beurteilen	1	,8	,8	100,0
	Gesamtsumme	118	100,0	100,0	

Tabelle 7: PARO ausprobieren

Bei der Überprüfung, ob sich die Angaben in den Begeisterungsgruppen unterscheiden, wurde mittels U-Test ein Signifikanzwert von 0,195 bei der Betrachtung der Frage „Ich würde PARO gerne bei meiner Arbeit mit den Bewohnern einsetzen." ermittelt. Ein Signifikanzwert von 0,119 ergab sich bei der Untersuchung der Frage „Ich möchte PARO gerne ausprobieren." (Anhang: Mann-Whitney-U-Test Ergebnisse).

Demzufolge kann auch hier die Null-Hypothese beibehalten werden. Es wurden keine signifikanten Unterschiede zwischen den Begeisterungsgruppen bei der Beantwortung der Fragen aufgedeckt. Es wurde bestätigt, dass alle Personen in beiden Begeisterungsgruppen die oben genannten Fragen gleichermaßen beantworteten.

Die zweite Hypothese kann somit bestätigt werden.

Es ergibt sich die Schlussfolgerung, dass der vorgeführte Film, welcher den Einsatz von PARO zeigt, ein geeignetes Mittel zur ersten Vorstellung von PARO ist. Der geäußerte Wunsch der Befragungsteilnehmer, PARO auszuprobieren, kann eine gute Grundlage für den Erfolg einer AAL-Schulung darstellen.

Die dritte Hypothese lautet:

Die Bedienung von PARO als technisches Assistenzsystem wird von Menschen in Pflegeberufen als einfach eingeschätzt.

83,1% der untersuchten Stichprobe gaben an, dass sie keine Probleme bei der Bedienung von PARO hätten. 6,8% stimmten durch die Angabe von „Teils / Teils" noch teilweise zu (

Tabelle 8: Bedienung von PARO

). Diese Angaben beruhen auf der hypothetischen Vorstellung, PARO bedienen zu müssen.

Ich denke, dass ich keine Probleme bei der Bedienung von PARO hätte.

		Häufigkeit	Prozent	Gültige Prozent	Kumulative Prozente
Gültig	Trifft voll zu	66	55,9	55,9	55,9
	Trifft eher zu	32	27,1	27,1	83,1
	Teils / Teils	8	6,8	6,8	89,8
	Trifft eher nicht zu	6	5,1	5,1	94,9
	Trifft gar nicht zu	2	1,7	1,7	96,6
	Kann ich nicht beurteilen	4	3,4	3,4	100,0
	Gesamtsumme	118	100,0	100,0	

Tabelle 8: Bedienung von PARO

Auch hier wurden die Antworten der negativen Begeisterungsgruppe und die der neutral/positiv Begeisterungsgruppe einem U-Test nach Mann-Whitney unterzogen. Erneut zeigte sich, dass keine signifikanten Unterschiede bei der Beantwortung dieser Frage zwischen den Begeisterungsgruppen bestehen. Der Signifikanzwert wird mit 0,849 angegeben (Anhang: Mann-Whitney-U-Test Ergebnisse). Demzufolge wird die Nullhypothese beibehalten. Es wird bestätigt, dass es keinen signifikanten Unterschied zwischen den Begeisterungsgruppen bei der Beantwortung dieser Frage gab.

Es kann festgestellt werden, dass eine allgemeine negative Begeisterung gegenüber elektronischen Geräten die Vorstellung von der Bedienung von PARO, welcher ja auch ein elektronisches Gerät ist, nicht negativ beeinflusst.

Die dritte Hypothese wird zusammenfassend bestätigt. Als Schlussfolgerung kann abgeleitet werden, dass die Teilnehmer der Befragung in nichttechnischen Berufen unter Zuhilfenahme von PARO gut auf den Einsatz von technischen Assistenzsystemen in der Pflege vorbereitet werden können.

Durch die hypothetische Vorstellung der einfachen Bedienung von PARO eignet sich dieses System im Besonderen, um einen ersten Zugang zur Technik in Pflegeberufen und somit weiterführend auch zu anderen AAL-Systemen zu schaffen.

Die vierte Hypothese lautet:

Menschen in Pflegeberufen, denen PARO vorgestellt wurde, gehen davon aus, dass zukünftig vermehrt technische Assistenzsysteme im Pflegebereich eingesetzt werden.

66,9% der Befragungsteilnehmer stimmten zu, dass in Zukunft PARO und andere technische Assistenzsysteme im Pflegebereich vermehrt zum Einsatz kommen werden (

Ich denke, dass PARO und andere technische Assistenzsysteme zukünftig vermehrt im Pflegebereich eingesetzt werden.

		Häufigkeit	Prozent	Gültige Prozent	Kumulative Prozente
Gültig	Trifft voll zu	38	32,2	32,2	32,2
	Trifft eher zu	41	34,7	34,7	66,9
	Teils / Teils	35	29,7	29,7	96,6
	Trifft eher nicht zu	1	,8	,8	97,5
	Kann ich nicht beurteilen	3	2,5	2,5	100,0
	Gesamtsumme	118	100,0	100,0	

Tabelle 9: zukünftiger Einsatz von Technik in der Pflege

). 32% der Teilnehmer gaben an, dass diese Aussage „Teils / Teils" zutrifft.

Es ist zu erkennen, dass 66,9% der Befragten davon ausgehen, dass technische Assistenzsysteme vermehrt im Pflegebereich eingesetzt werden. 29,7% der Teilnehmer gaben bei dieser Aussage „Teils/Teils" an.

Ich denke, dass PARO und andere technische Assistenzsysteme zukünftig vermehrt im Pflegebereich eingesetzt werden.

		Häufigkeit	Prozent	Gültige Prozent	Kumulative Prozente
Gültig	Trifft voll zu	38	32,2	32,2	32,2
	Trifft eher zu	41	34,7	34,7	66,9
	Teils / Teils	35	29,7	29,7	96,6
	Trifft eher nicht zu	1	,8	,8	97,5
	Kann ich nicht beurteilen	3	2,5	2,5	100,0
	Gesamtsumme	118	100,0	100,0	

Tabelle 9: zukünftiger Einsatz von Technik in der Pflege

Der U-Test nach Mann-Whitney zeigte hier, dass bei der Beantwortung dieser Frage ein knapper, signifikanter Unterschied zwischen den beiden Begeisterungsgruppen bei der Beantwortung dieser Frage besteht. Der Signifikanzwert wird mit 0,049 angegeben.

Zur weiteren Interpretation wurde eine Analyse mittels Kreuztabelle durchgeführt.   In

Kreuztabelle über die Begeisterungsgruppen "Ich denke, dass PARO und andere technische Assistenzsysteme zukünftig vermehrt im Pflegebereich eingesetzt werden."

| | | Begeisterungsgruppe | | |
		negativ	positiv / neutral	Gesamt
Trifft voll zu	Anzahl	15	23	38
	prozentuale Verteilung	37,5%	29,5%	32,2%
Trifft eher zu	Anzahl	18	23	41
	prozentuale Verteilung	45,0%	29,5%	34,7%
Teils / Teils	Anzahl	6	29	35
	prozentuale Verteilung	15,0%	37,2%	29,7%
Trifft eher nicht zu	Anzahl	1	0	1
	prozentuale Verteilung	2,5%	0,0%	0,8%
Kann ich nicht beurteilen	Anzahl	0	3	3
	prozentuale Verteilung	0,0%	3,8%	2,5%
	Anzahl	40	78	118
	prozentuale Verteilung	100,0%	100,0%	100,0%

Tabelle 10: Kreuztabelle über Begeisterungsgruppen

ist zu erkennen, dass die Befragten der negativen Begeisterungsgruppe eher eine zustimmende Antwort gaben, bei der Frage, ob sie denken, dass zukünftig vermehrt technische Assistenzsysteme zum Einsatz kommen werden.

Kreuztabelle über die Begeisterungsgruppen "Ich denke, dass PARO und andere technische Assistenzsysteme zukünftig vermehrt im Pflegebereich eingesetzt werden."

| | | Begeisterungsgruppe | | |
		negativ	positiv / neutral	Gesamt
Trifft voll zu	Anzahl	15	23	38
	prozentuale Verteilung	37,5%	29,5%	32,2%
Trifft eher zu	Anzahl	18	23	41
	prozentuale Verteilung	45,0%	29,5%	34,7%
Teils / Teils	Anzahl	6	29	35
	prozentuale Verteilung	15,0%	37,2%	29,7%
Trifft eher nicht zu	Anzahl	1	0	1
	prozentuale Verteilung	2,5%	0,0%	0,8%
Kann ich nicht beurteilen	Anzahl	0	3	3
	prozentuale Verteilung	0,0%	3,8%	2,5%
	Anzahl	40	78	118
	prozentuale Verteilung	100,0%	100,0%	100,0%

Tabelle 10: Kreuztabelle über Begeisterungsgruppen

Da die Signifikanzschwelle von 0,05 nur knapp unterschritten wurde, sind weiter Analysen notwendig, um gesicherte Aussagen über einen Zusammenhang von negativer Technikbegeisterung zu treffen. Aufgrund der derzeitigen Datenlage ist es nicht möglich, aussagekräftige Analysen durchzuführen. Hier könnten Ängste oder andere Einflüsse eine Rolle gespielt haben. Die Ängste könnten zum Beispiel in der Befürchtung einer übermäßigen, unaufhaltsamen Technisierung der Pflege begründet sein.

Da diese Aspekte bei der vorliegenden Befragung keine Beachtung fanden, sind weitere Studien notwendig, um die Gründe für die Unterschiede bei der Beantwortung zu ermitteln.

Die vierte Hypothese wird bestätigt.

Schlussfolgernd kann festgehalten werden, dass sich die Beschäftigten in Pflegeberufen bewusst sind, dass in ihrem Berufsfeld in Zukunft vermehrt technische Systeme zum Einsatz kommen werden. Die vorliegenden Daten bestätigen, dass die Mehrheit der Befragten davon ausgeht, dass zukünftig ein vermehrter Einsatz von technischen Assistenzsystemen im Pflegebereich stattfinden wird.

Die Ausprägung dieser Annahme ist nach den Daten dieser Umfrage nicht bei allen Befragungsteilnehmern gleich. Es wurden schwache, signifikante Unterschiede bei der Beantwortung dieser Frage zwischen den Begeisterungsgruppen aufgedeckt.

Allerdings kann grundlegend in Weiterbildungen vorausgesetzt werden, dass diese zukünftige Entwicklung bereits von den Teilnehmern antizipiert wird. Das Bewusstsein für einen zukünftig vermehrten Technikeinsatz in Pflegeberufen muss demzufolge nicht erst geschaffen werden.

Die fünfte und letzte Hypothese lautet:

PARO eignet sich als Beispiel für den Einsatz technischer Assistenzsysteme im Pflegebereich.

Der Aussage, dass PARO veranschaulicht, wie der Einsatz technischer Assistenzsysteme im Pflegebereich umgesetzt werden kann, stimmten 72% der Befragten zu. 21,2% der Teilnehmer der Befragung bestätigten diese Aussage teilweise durch die Angabe von „Teils/Teils" (

PARO veranschaulicht für mich, wie der Einsatz technischer Assistenzsysteme im Pflegebereich umgesetzt sein kann.

		Häufigkeit	Prozent	Gültige Prozent	Kumulative Prozente
Gültig	Trifft voll zu	40	33,9	33,9	33,9
	Trifft eher zu	45	38,1	38,1	72,0
	Teils / Teils	25	21,2	21,2	93,2
	Trifft eher nicht zu	5	4,2	4,2	97,5
	Trifft gar nicht zu	1	,8	,8	98,3
	Kann ich nicht beurteilen	2	1,7	1,7	100,0
	Gesamtsumme	118	100,0	100,0	

Tabelle 11: PARO als Beispiel für Technikeinsatz

).

PARO veranschaulicht für mich, wie der Einsatz technischer Assistenzsysteme im Pflegebereich umgesetzt sein kann.

		Häufigkeit	Prozent	Gültige Prozent	Kumulative Prozente
Gültig	Trifft voll zu	40	33,9	33,9	33,9
	Trifft eher zu	45	38,1	38,1	72,0
	Teils / Teils	25	21,2	21,2	93,2
	Trifft eher nicht zu	5	4,2	4,2	97,5
	Trifft gar nicht zu	1	,8	,8	98,3
	Kann ich nicht beurteilen	2	1,7	1,7	100,0
	Gesamtsumme	118	100,0	100,0	

Tabelle 11: PARO als Beispiel für Technikeinsatz

Der U-Test der Begeisterungsgruppen bestätigt mit einem Signifikanzwert von 0,52, dass bei der Beantwortung dieser Frage keine signifikanten Unterschiede zwischen den untersuchten Gruppen festzustellen waren (Anhang: Mann-Whitney-U-Test Ergebnisse). Hier wird die Nullhypothese beibehalten. Es bestand kein signifikanter Unterschied der Begeisterungsgruppen bei der Beantwortung dieser Frage.

Die fünfte Hypothese wird zusammenfassend bestätigt.

Die Schlussfolgerung lautet, dass PARO ein gutes Beispiel für ein technisches Assistenzsystem in der Pflege darstellt und dass die Präsentation von PARO aufgrund seiner Beispielhaftigkeit für die Gruppe von technische Assistenzsysteme bei Weiterbildungen zum Thema technische Assistenz in der Pflege empfohlen werden kann.

Zusammenfassend wurde durch die Auswertung der Befragung bestätigt, dass der Robbenroboter PARO als praktisches Anschauungsmaterial für ein AAL-System in der Weiterbildung für Pflegekräfte dienen kann und somit einen Zugang zur AAL-Technik im Allgemeinen, auch für wenig technikaffine Menschen, herstellen kann. PARO wird dadurch zu einem wertvollen Praxisbeispiel, das als Einstieg bei AAL-Weiterbildungen gewinnbringend eingesetzt werden kann.

5.5 Ethische Aspekte und Zukunftsvorstellungen

Nachfolgend werden Häufigkeitsanalysen zu den Aussagen durchgeführt, welche sich aus dem im Vorfeld der Befragung durchgeführten Fokusgruppengespräch ergeben haben. Die Beiträge der Fokusgruppe wurden als Fragen formuliert und in die Befragung aufgenommen.

**Mehr Einsatz von technischen Assistenzsystemen im Pflegebereich bedeutet für mich ...
Entlastung des Pflegepersonals**

		Häufigkeit	Prozent	Gültige Prozent	Kumulative Prozente
Gültig	Ja	34	28,8	29,3	29,3
	Nein	66	55,9	56,9	86,2
	Kann ich nicht beurteilen	16	13,6	13,8	100,0
	Gesamtsumme	116	98,3	100,0	
Fehlend	k.A.	2	1,7		
Gesamtsumme		118	100,0		

Tabelle 12: Entlastung des Pflegepersonals

Tabelle 12: Entlastung des Pflegepersonals

 zeigt, dass die Mehrheit (55,9%) der Befragten keine Entlastung des Pflegepersonals durch den Einsatz von Assistenzsystemen im Pflegebereich erwartet. 28,8 Prozent können sich eine Entlastung des Personals vorstellen. Das kann bedeuten, dass auf einen entlastenden Aspekt für das Pflegepersonal beim Einsatz von technischen Assistenzsystemen in der Pflege in Weiterbildungsmaßnahmen eingegangen werden sollte. Es kann nicht angenommen werden, dass die Mehrheit der Gruppe der Pflegenden Entlastungen durch AAL-Systeme erwarten.

...Verlust der Nähe zwischen Bewohner und Pfleger

		Häufigkeit	Prozent	Gültige Prozent	Kumulative Prozente
Gültig	Ja	26	22,0	22,4	22,4
	Nein	83	70,3	71,6	94,0
	Kann ich nicht beurteilen	7	5,9	6,0	100,0
	Gesamtsumme	116	98,3	100,0	
Fehlend	k.A.	2	1,7		
Gesamtsumme		118	100,0		

Tabelle 13: Verlust der Nähe

...Weniger Dokumentationsaufwand

		Häufigkeit	Prozent	Gültige Prozent	Kumulative Prozente
Gültig	Ja	9	7,6	7,8	7,8
	Nein	88	74,6	76,5	84,3
	Kann ich nicht beurteilen	18	15,3	15,7	100,0
	Gesamtsumme	115	97,5	100,0	
Fehlend	k.A.	3	2,5		
Gesamtsumme		118	100,0		

Tabelle 14: weniger Dokumentationsaufwand

Tabelle 13: Verlust der Nähe

stellt dar, dass 22% der Teilnehmer der Befragung einen Verlust der Nähe zwischen dem Bewohner und dem Pfleger befürchten. Eine Möglichkeit, um Bedenken dieser Art zu entkräften und der Vorstellung einer drohenden Vereinsamung pflegebedürftiger Personen durch einen vermehrten Einsatz von Technik entgegenzuwirken, kann es sein, auf diesen Aspekt beim Einsatz von AAL in der Pflege in Weiterbildungen gesondert einzugehen und auch soziale Aspekte von AAL-Systemen zu thematisieren.

Ein geringerer Dokumentationsaufwand wurde, wie in **Fehler! Verweisquelle konnte nicht gefunden werden.** zu sehen ist, von 7,6 Prozent der Befragten erwartet.

Durch die Möglichkeit der automatisierten Datengewinnung und Dokumentation können AAL-Systeme das Pflegepersonal entlasten. Manuelle Aufzeichnungen können durch den Einsatz von AAL minimiert werden. Eine mögliche Erklärung für den geringen Anteil von Zustimmung auf diese Frage ist, dass vor der Befragung den Teilnehmern ausschließlich PARO als Assistenzsystem in der Pflege gezeigt wurde. PARO kann allerdings keine Patientendaten erfassen. Der geringe Prozentsatz bei der Zustimmung ist so erklärbar.

In Weiterbildungen zum Thema AAL in der Pflege kann es notwendig sein, geeignetere Systeme vorzustellen, welche bei der Dokumentation in der Pflege unterstützen und so zur erkennbaren Entlastung des Pflegepersonals beitragen können.

Datenschutzbedenken sind nach der Präsentation von PARO laut

Tabelle 15: Verletzungen des Datenschutzes

von den Befragungsteilnehmern nur von einem Teilnehmer der Befragung angegeben worden.

...Verletzungen des Datenschutzes

		Häufigkeit	Prozent	Gültige Prozent	Kumulative Prozente
Gültig	Ja	1	,8	,9	,9
	Nein	95	80,5	82,6	83,5
	Kann ich nicht beurteilen	19	16,1	16,5	100,0
	Gesamtsumme	115	97,5	100,0	
Fehlend	k.A.	3	2,5		
Gesamtsumme		118	100,0		

Tabelle 15: Verletzungen des Datenschutzes

Das Thema Datenschutz und AAL sollte in Weiterbildungen allerdings keinesfalls vernachlässigt werden. Vor allem im Bereich der Pflege und in der Gesundheitsfür- und -vorsorge ist es von großer Bedeutung, die notwendigerweise erhobenen personenbezogenen Daten unter strenger Berücksichtigung von Sicherheitskonzepten zu verarbeiten. Die Vorstellung von PARO bleibt folglich sinnvoll, da er einen ersten Zugang zu AAL herstellen kann. Sicherheitskonzepte, welche auch den Datenschutz betreffen sollten zu einem späteren Zeitpunkt bei Weiterbildungen thematisiert werden.

Da PARO keine personenbezogenen Daten erhebt oder verarbeitet, sind bei seinem Einsatz auch keine Datenschutzbedenken zu erwarten gewesen.

Im Zusammenhang mit Technik in der Pflege kam während der Fokusgruppe die Frage auf, ob durch den vermehrten Technikeinsatz in der Pflege menschliches Personal eingespart werden kann oder soll.

...Personaleinsparungen

		Häufigkeit	Prozent	Gültige Prozent	Kumulative Prozente
Gültig	Ja	10	8,5	8,7	8,7
	Nein	94	79,7	81,7	90,4
	Kann ich nicht beurteilen	11	9,3	9,6	100,0
	Gesamtsumme	115	97,5	100,0	
Fehlend	k.A.	3	2,5		
Gesamtsumme		118	100,0		

Tabelle 16: Personaleinsparungen

Nach

...Personaleinsparungen

		Häufigkeit	Prozent	Gültige Prozent	Kumulative Prozente
Gültig	Ja	10	8,5	8,7	8,7
	Nein	94	79,7	81,7	90,4
	Kann ich nicht beurteilen	11	9,3	9,6	100,0
	Gesamtsumme	115	97,5	100,0	
Fehlend	k.A.	3	2,5		
Gesamtsumme		118	100,0		

Tabelle 16: Personaleinsparungen

ergibt sich zumindest bei der Vorstellung vom Einsatz von PARO für die Befragten kein Grund, diese Bedenken zu äußern.

...Verletzung der Würde des Bewohners

		Häufigkeit	Prozent	Gültige Prozent	Kumulative Prozente
Gültig	Ja	4	3,4	3,5	3,5
	Nein	95	80,5	83,3	86,8
	Kann ich nicht beurteilen	15	12,7	13,2	100,0
	Gesamtsumme	114	96,6	100,0	
Fehlend	k.A.	4	3,4		
Gesamtsumme		118	100,0		

Tabelle 17: Verletzung der Würde

Wie in **Fehler! Verweisquelle konnte nicht gefunden werden.** zu sehen ist, gaben 80 Prozent der Befragten an, dass sie durch einen vermehrten Einsatz von Assistenzsystemen in der Pflege keine Verletzung der Würde der Bewohner erwarten.

Auch Gespräche am Ende der Befragungen ergaben, dass Pflegekräfte einer Wohneinrichtung für beeinträchtigte Menschen den Einsatz von PARO eher als ethisch unbedenklich ansehen.

5.6 Betrachtung der Freitextangaben

Während der Befragung konnten die Teilnehmer auch in eigenen Worten beschreiben, welche Gedanken und Erwartungen sie speziell mit PARO oder einem zukünftig vermehrten Einsatz von Technik in der Pflege verknüpfen.

Eine vollständige Liste aller Freitextangaben während der Befragung in den Wohnstätten befindet sich im Anhang (Anhang: Freitextangaben).

Von den 118 Teilnehmern der Befragung nutzten 21 die Möglichkeit der Freitexteingabe. Der Großteil der handschriftlichen Angaben beschreibt eine Verbesserung der Pflegesituation in verschiedenen Bereichen. Aussagen wie:

- „bessere Pflege der Bewohner",

- „Der Zugang zu dementiell erkrankten Menschen kann durch diese Hilfsmittel erleichtert bzw. wiederhergestellt werden. Verbesserte Kontaktaufnahme etc.",

- „Menschen mit Beeinträchtigungen könnten ihre Freude daran haben"

lassen darauf schließen, dass die Teilnehmer der Befragung von den Vorteilen durch mehr Technikeinsatz in der Pflege überzeugt sind.

Kritischere Stimmen befassten sich mit der Gefahr, dass die Nähe zu den Bewohnern durch mehr Technik eingeschränkt werden könnte. Beispielhaft werden folgende vier Aussagen genannt:

- „Meiner Meinung nach würde sich ändern, dass die Bindung, die man zu den Bewohnern aufbaut, durch technische Assistenzsysteme negativ beeinflusst werden kann."

- „Die Art und Weise der Pflege wird sich verändern. Doch wird gerade dann die Nähe zwischen Pfleger und Bewohner (menschl. Nähe) immer wichtiger sein."

- „weniger Nähe"

- „Schlimm, wenn Roboter menschliche / tierische Wärme und Zuwendung ersetzen soll."

Auch die Befürchtung, dass durch AAL-Technik Personal eingespart werden könnte, wurde bei 1118 Befragten 10-mal geäußert:

- „Kann eine Möglichkeit sein, sich mit Demenzpatienten auf einer guten Basis zu beschäftigen und Vertrauen zu bilden. Darf aber nicht eingesetzt werden, um noch mehr Personal zu sparen!"

Es zeigt sich, dass allein die gedankliche Auseinandersetzung mit PARO und mit Technik in der Pflege im Allgemeinen stark polarisieren kann. Einerseits werden positive Aspekte, die eine Erleichterung bei der Pflege und Betreuung bewirken sollen, erwartet, andererseits werden aber auch Befürchtungen thematisiert.

Um den Umgang mit AAL-Technik in der Pflege so transparent wie möglich zu betrachten, sollten in Weiterbildungen für Pflege- und Betreuungskräfte auch mögliche negative Aspekte angesprochen werden.

6   Zusammenfassung und Ausblick

Ziel der vorliegenden Arbeit war es, zu überprüfen, ob sich der Roboter PA-RO als Beispiel für AAL und somit als praktisches Anschauungsmaterial für die Gruppe der Pflegekräfte eignet, um den Zugang zu AAL-Technik im Allgemeinen, auch für wenig technikaffine Menschen, herstellen zu können.

Zu diesem Zweck wurde ein Fragebogen zur standardisierten Befragung entwickelt und eine schriftliche Erhebung an 118 Teilnehmern durchgeführt, die alle regelmäßig pflegerische Tätigkeiten durchführen. Um die Kernfrage dieser Arbeit beantworten zu können, wurden im Vorfeld fünf Hypothesen formuliert. Diese Hypothesen wurden mittels der Ergebnisse der Fragebogenbefragung überprüft. Die Auswertung, im Kapitel 5 dieser Arbeit, lässt Schlüsse darüber zu, ob und wie PARO idealerweise bei Weiterbildungen eingesetzt werden kann.

Es kann einerseits anhand der Ergebnisse der durchgeführten Befragung festgestellt werden, dass sich die Vorstellung von PARO gut als Wegbereiter oder Türöffner für AAL in der Pflege eignet. Es muss andererseits beachtet werden, dass die Teilnehmer den Pflegeroboter nicht interaktiv erleben konnten. Durch den Umfang der Befragung musste auf eine reale Präsentation von PARO verzichtet werden.

Ausgehend von den Erfahrungen der Fokusgruppe, in der PARO real erlebt werden konnte, kann allerdings erwartet werden, dass sich die Begeisterung für dieses System eher steigert, wenn die Teilnehmer einer Schulung PARO interaktiv erleben können.

Es zeigte sich, dass sich PARO, zumindest in der subjektiven Betrachtung der Befragungsteilnehmer, sehr gut als Anschauungsmaterial in Weiterbildungen für Menschen in Pflegeberufen eignet. Weiterhin eignet sich PARO als Beispiel für den Einsatz technischer Assistenzsysteme im Pflegebereich.

Die Mehrheit der Befragten möchte PARO gerne bei ihrer pflegerischen Arbeit in einer Wohneinrichtung für beeinträchtigte Menschen einsetzen. PARO erweckte bei den Teilnehmern der Befragung Neugier und den Wunsch, mehr über den Einsatz von technischen Assistenzsystemen im Pflegebereich zu erfahren.

Gute Praxisbeispiele in Weiterbildungen sind in der Lage, Neugier bei den Teilnehmern auszulösen, und können somit den Wunsch wecken, mehr über ein bestimmtes Thema zu erfahren. PARO kann demnach sehr gut als praktisches Anschauungsmaterial in Weiterbildungen für Pflege- und Betreuungskräfte dienen.

Ein positiver Eindruck, ausschließlich auf der subjektiven Vorstellung von PARO basierend, ist zu erkennen und im Ergebnis kann allein deshalb der Schluss gezogen werden, dass PARO durchaus ein geeignetes Mittel ist, um Pflegekräften das Thema AAL in der Pflege näherzubringen.

Um weitere Erkenntnisse über den realen Einsatz von PARO in der Aus- und Weiterbildung erhalten zu können, bietet sich eine kontinuierliche, standardisierte Befragung der Teilnehmern von Weiterbildungen an, in denen PARO interaktiv gezeigt werden kann.

Es kann weiterhin festgehalten werden, dass sich die Beschäftigten in Pflegeberufen bewusst sind, dass in ihrem Berufsfeld in Zukunft vermehrt technische Systeme zum Einsatz kommen werden.

Allerdings haben PARO und die zukünftige Aussicht auf mehr Technikeinsatz in der Pflege auch kontroverse Diskussionen über ethische Fragen ausgelöst. Ängste, dass durch den vermehrten Einsatz von Technik in der Pflege der eigene Arbeitsplatz in Gefahr sein könnte, wurden genauso thematisiert wie die teilweise befremdlich wirkende Vorstellung, dass in Zukunft menschliche Zuwendung durch Maschinen ersetzt werden könnte.

PARO eignet sich somit auch hervorragend als Einstiegspunkt für Betrachtungen zur Ethik und zur zukünftigen Entwicklung von Technik in der Betreuung und Pflege von beeinträchtigten Menschen.

Schlussendlich kann der Robbenroboter PARO als praktisches Anschauungsmaterial für ein AAL-System in der Weiterbildung für Pflegekräfte empfohlen werden. Viele verschiedene Aspekte der Assistenztechnologie in der Pflege, welche in Zukunft noch an Bedeutung gewinnen könnten, werden durch PARO verdeutlicht. PARO wird dadurch zu einem wertvollen Praxisbeispiel, das zumindest als Einstieg bei AAL-Weiterbildungen gewinnbringend eingesetzt werden kann.

Zukünftige Studien könnten sich der genaueren Analyse der negativen Begeisterungsgruppe widmen. Diese Gruppe erwartete in dieser Erhebung deutlicher als die übrigen Befragten einen zukünftigen Anstieg des Einsatzes von technischen Assistenzsystemen in der Pflege. Hier könnten Ängste oder negative Erwartungshaltungen eine Rolle spielen. Die vorliegenden Daten lassen an dieser Stelle keine genauere Aussage zu. Eine Datenerhebung in einer wesentlich größeren Gruppe und eine entsprechende Fragestellung bei Umfragen könnte mehr Klarheit über die Eigenschaften dieser Gruppe schaffen.

Literatur

Alzheimer Forschung Initiative: Emotionale Robotik in der Demenz-Therapie, 16.02.2011 https://www.alzheimer-forschung.de/alzheimer-krankheit/aktuelles.htm?showid=3288, 2015

ARD - Das Erste: Roboter zum Kuscheln - W wie Wissen, 04.11.2012, http://www.daserste.de/information/wissen-kultur/w-wie-wissen/sendung/2012/kuschelroboter-100.html, 2015

Atteslander, P. M. ; Bender, C.: Methoden der empirischen Sozialforschung. 7., bearb. Aufl. Berlin ; New York: De Gruyter, 1993 (Sammlung Göschen Bd. 2100)

Beziehungen pflegen: Erste Teilnehmer in der Anwendung der Betreuungs-robbe PARO zertifiziert, 08.10.2010, http://www.openpr.de/news/473890/Erste-Teilnehmer-in-der-Anwendung-der-Betreuungsrobbe-PARO-zertifiziert.html, 23.04.2015

Billinger, K. U.: Analyse der SBK: Pflegende Angehörige sind kränker als andere Menschen, aber Klinikaufenthalte sind nicht drin. 2013

Bispinck, R. ; Dribbusch, H. ; Öz, F. ; Stoll, E.: Einkommens- und Arbeitsbe-dingungen in Pflegeberufen : Eine Analyse auf Basis der WSI-Lohnspiegel-Datenbank (07/2012), S. 27

Bortz, J. & Schuster, C.: Statistik für Human- und Sozialwissenschaftler, Springer Verlag, 7. Auflage, 2010

Buber, R. (Hrsg.): Qualitative Marktforschung : Konzepte - Methoden - Ana-lysen. 1. Aufl. Wiesbaden: Gabler, 2007

Bundesministerium für Bildung und Forschung (2011a): Ergebnisse der BMBF-Online-umfrage zum Thema „Assistierte Pflege von morgen". 2011

Bundesministerium für Bildung und Forschung (2011b): AAL-Anwendungsszenarien - Arbeitsgruppen „Schnittstellenintegration und Interoperabilität" und „Kommunikation" der BMBF/VDE Innovations-partnerschaft AAL, 2011

Bundesministerium für Bildung und Forschung (2011c): Aus- und Weiterbil-dung im Bereich Altersgerechter Assistenzsysteme, 2011

Bundesministerium für Gesundheit: Pressemitteillung - 16. März 2015: Erste WHO-Ministerkonferenz zu Demenz - Bundesgesundheitsminister Hermann Gröhe: "Situation für Menschen mit Demenz verbessern". 2015

Büning, H. & Trenkler, G.: (1998), Nichtparametrische statistische Methoden, de Gruyter

DAK Forschung: DAK-Gesundheitsreport 2012, 2012

Danish Technological Institute: Startseite, 2015, http://www.dti.dk/, 23.04.2015

Das Zwölfte Buch Sozialgesetzbuch – Sozialhilfe – (Artikel 1 des Gesetzes vom 27. Dezember 2003, BGBl. I S. 3022) § 13 Leistungen für Einrichtungen, Vorrang anderer Leistungen), 2003

Deutsche Normungs Roadmap AAL: Deutsche_Normungs-Roadmap_AAL 2012

Deutsche Normungs Roadmap AAL: Deutsche_Normungs-Roadmap Smart Home + Building, 2013

Ding-Greiner, C.: Das Wichtigste 16: Demenz bei geistiger Behinderung. 2014

Effenberger, I. : Sicherheit für Menschen (AAL) - http://www.ipa.fraunhofer.de/sicherheit_fuer_menschen.html, 2015

Eisenreich : WAGAS EMN – Weiterbildung im Bereich AAL. Von der Theorie zur Praxis. 2013

Fraunhofer-Allianz AAL: Startseite, 30.03.2015, http://www.aal.fraunhofer.de/, 10.04.2015

Friesacher, H.: Pflege und Technik – eine kritische Analyse. In: Pflege&Gesellschaft 15 (2010), Nr. 4

Gabler Wirtschaftslexikon, Stichwort: Soziale Robotik, http://wirtschaftslexikon.gabler.de/Archiv/-2046932904/soziale-robotik-v1.html, 2015

Georgieff, P.: FAZIT-Schriftenreihe : Ambient Assisted Living, Band 17, 2008

Hansen, S. T. ; Andersen, H. J. ; Bak, T.: Practical evaluation of robots for elderly in Denmark — an overview, 2010, http://ieeexplore.ieee.org/lpdocs/epic03/wrapper.htm?arnumber=5453220, 23.04.2015

Hegewald, A.: Technische Hilfsmittel im Alter. In: Heilberufe 61 (2009), Nr. 12, S. 24-25

Huber, S.G. & Hader-Popp, S.: Lernen mit Praxisbezug: problemorientiertes Lernen. In A. Bartz, J. Fabian, S.G. Huber, Carmen Kloft, H. Rosenbusch, H. Sassenscheidt (Hrsg.), PraxisWissen Schulleitung (32.41). München: Wolters Kluwer, 2005

Karrer, K. ; Glaser, C. ; Clemens, C. ; Bruder, C.: Beiträge 8. Berliner Werkstatt MMS 2009

Kassenärztliche Bundesvereinigung: Ärztemangel, 2012, http://www.kbv.de/html/themen_1076.php, 10.04.2015

Kolbe-Weber: Die Roboter kommen, 2014, http://www.helmholtz.de/artikel/die-roboter-kommen-hilfe-in-der-pflege-und-im-alltag-2900/, 16.04.2015

Kramer : Die Akzeptanz neuer Technologien bei pflegenden Angehörigen von Menschen mit Demenz. 2013

Kranich, M.: Altgewordene Menschen mit geistiger Behinderung : Zum Verhältnis von geistiger Behinderung und Demenz, 2001, http://www.demenz-service-nrw.de/files/material_der_dsz/owl/Artikel%20Geistige%20Behinderung%20und%20Demenz%20Kranich.pdf, 13.11.2014Lindmeier, B. ;

Lindmeier & Lubitz: Alternde Menschen mit geistiger Behinderung und Demenz – Grundlagen und Handlungsansätze. In: Teilhabe (2011), Nr. 4, S. 155-160

Methoden-Reader zur Oldenburger Teamforschung. In: Oldenburger Vordrucke 487 (2009), Didaktisches Zentrum (DIZ), Carl von Ossietzky Universität Oldenburg. In den Materialien der Forschungswerkstatt: http://www.forschungswerkstatt.uni-oldeoburg.de/download/fragebogen_methodenreader.doc, 17.06.2013

Sauthoff, M., Moussa, H. : Smart Home – Zukunftschancenverschiedener Industrien - Executive Interviews und repräsentative Umfrage, 2011

Schnell, R. et al.: Methoden der empirischen Sozialforschung. 5., völlig überarb. und erw. Aufl. München: Oldenbourg Verlag, 1995

Soziale Förderstätten für Behinderte e.V.: http://www.sfb-ev.de/wohnen/wohnstaetten/soelzerhoefe-sorga.html, 2015

Spektrum Verlag: Kindchenschema - Lexikon der Biologie, 1999, http://www.spektrum.de/lexikon/biologie/kindchenschema/36103, 24.04.2015

Statistisches Bundesamt: Bevölkerung Deutschlands bis 2060 - Begleitheft zur Pressekonferenz am 18. November 2009 : 12. koordinierte Bevölkerungsvorausberechnung. Ort: Verlag, 2009

Statistisches Bundesamt: Bevölkerungsentwicklung und Altersstruktur : Bevölkerung in absoluten Zahlen, Anteile der Altersgruppen in Prozent, 1960 bis 2060. Ort: Verlag, 2012

Statistisches Bundesamt: Staat & Gesellschaft - Pflege - Pflegestatistik - Statistisches Bundesamt (Destatis), 21.10.2014, https://www.destatis.de/DE/ZahlenFakten/GesellschaftStaat/Gesundheit/Pflege/Methoden/Pflegestatistik.html, 06.08.2015

Statistissches Bundesamt: Gesundheit und Krankheit im Alter - Gesundheitsberichterstattung des Bundes, 2009

Schulze Höing, A.: Grundpflege im Fokus der Qualitätssischerung – Stellenwert von Grundpflege und pflegerischer Qualitätssicherung in Einrichtungen der Eingliederungshilfe. In: Teilhabe (2013), Nr. 3, S. 109-113

VDE: VDE-AR-E 2757-10 Mobile Endgeräte im AAL-Bereich Technikunterstütztes Leben – Ambient Assisted Living (AAL) – Anforderungen für mobile Endgeräte, die für den Einsatz im AAL-Bereich vorgesehen sind 01.04.2015, https://www.dke.de/de/std/Pubs/Publikationen/Seiten/VDE-AR-E2757-10.aspx

Wada, K. ; Shibata, T.: Living With Seal Robots—Its Sociopsychological and Physiological Influences on the Elderly at a Care House. In: IEEE Transactions on Robotics 23 (2007), Nr. 5, S. 972-980

Weiss, A.: Technik in animalischer Gestalt. Tierroboter zur Assistenz, Überwachung und als Gefährten in der Altenhilfe. In: Buber, R. (Hrsg.): Qualitative Marktforschung : Konzepte - Methoden - Analysen. 1. Aufl. Wiesbaden: Gabler, 2007 , S. 429–442

Wetzel, J., Oettl: Nationalsozialismus – Geschichte der Behinderung, 15.09.2010, http://sonderpaedagoge.de/geschichte/wiki/index.php?title=Nationalsozialismus, 16.04.2015

Wirtschaftslexikon24: Likert-Skala - Wirtschaftslexikon, 2015, http://www.wirtschaftslexikon24.com/d/likert-skala/likert-skala.htm, 07.05.2015

Parorobots: PARO Therapeutic Robot, 2014, http://www.parorobots.com/, 07.08.2015

Zweites Deutsches Fernsehen (ZDF): Angst vor dem Leben, 2015, http://www.zdf.de/volle-kanne/praxis-taeglich-volkskrankheit-depressionen-5432774.html, 26.03.2015

Zweites Deutsches Fernsehen (ZDF): Bilanz: 20 Jahre Pflegeversicherung, 13.01.2015, http://www.zdf.de/ZDFmediathek/beitrag/video/2321308/Bilanz-20-Jahre-Pflegeversicherung, 07.08.2015

Anhang

Fokusgruppenleitfaden

Leitfaden für die Fokusgruppe mit Interventionsfragen und Gedankenstützen zur Durchführung.

Es müssen nicht alle Fragen angesprochen werden und es muss auch nicht wörtlich zitiert werden. Manches wird sich aus dem Kontext schließen lassen und andere Aspekte werden neu hinzukommen. Hier soll aufgeführt werden, was es zu beachten gilt und welche Dinge nicht vernachlässigt werden dürfen.

Begrüßung, Vorstellung und Rahmen

Begrüßungsworte und Dank für die Teilnahme.

Vorstellung, kurz zu dem, was wir machen – aber ohne PARO zu erwähnen.

Heute werden wir ein spannendes Thema diskutieren. Es geht um die Aus- und Weiterbildung im Bereich der Pflege, also. Also genau der Bereich, in dem ihr alle tätig seid. Erklärung, dass auch Erzieher pflegerisch tätig sind.

- Kurz dazu, warum gerade diese Gruppe für uns so wichtig ist und warum genau sie ausgewählt wurden. (repräsentative Gruppe im Hinblick auf Ausbildung, Alter, Geschlecht, Motivation)

- Gemeinsamkeiten der Teilnehmer betonen (pflegerischer Beruf, hoher Krankenstand, Stress…)

- Maximaldauer zwei Stunden (keine Pause)

Bevor wir in die Diskussion einsteigen, möchte ich Euch um einiges bitten. Zunächst solltet Ihr wissen, dass wir eine Audioaufnahme der Diskussion anfertigen werden, sodass ich mich während der Auswertung besser auf die Diskussion beziehen kann. Es werden auch Fotos für die spätere Dokumentation gemacht. Die Aufnahmen werden nur zum Zwecke der wissenschaftlichen Auswertung verwendet. Im Vorfeld habt Ihr ja schon bestätigt, dass ihr mit der Verwendung des Materials einverstanden seid. Dies ist natürlich eine freiwillige Veranstaltung.

- Sprecht bitte laut und deutlich und lasst uns versuchen, darauf zu achten, dass nur eine Person auf einmal spricht. Ich werde darauf achten, dass jeder drankommt.

- Bitte sagt genau, was Ihr denkt. Wir sind hier, um unsere Meinungen auszutauschen, um zu diskutieren und um Spaß dabei zu haben.

Leitfrage

Wie Ihr wisst, ist eine gute Aus- und Weiterbildung im Bereich der Pflege wichtig für die täglichen Herausforderungen bei der Erledigung der Arbeit am und mit dem Menschen mit Beeinträchtigung.

Die Wohnstätte stellt für unsere Klienten das zu Hause dar. Jeder Mensch möchte so lange wie möglich im gewohnten Umfeld leben, auch im Alter.

Derzeit werden für den Pflegebereich technische Assistenzsysteme entwickelt, die Menschen mit Hilfebedarf unterstützen sollen. Aber auch Pflege- und Betreuungskräfte sollen durch solche Systeme Unterstützung bzw. Entlastung bei der täglichen Arbeit erhalten.

Wie kann das Potenzial von technischen Assistenzsystemen genutzt werden, um die Bedürfnisse von pflegebedürftigen Menschen bestmöglich zu erfüllen?

Die Notwendigkeit muss vom Pflegepersonal oder der Betreuungskraft erkannt werden. Um aber eine qualifizierte Empfehlung abgeben zu können, muss das Betreuungspersonal einen Einblick in die Vielfalt und Möglichkeiten solcher Systeme erhalten.

Im Rahmen von Aus- und Weiterbildungen können folgende Fragen beantwortet werden:

Welche Systeme gibt es bereits? Und welche Systeme sind für unsere Einrichtung geeignet?

Wie kann eine solche Schulung (zur Vorstellung von technischen Assistenzsystemen) gestaltet sein, dass in der Konsequenz aus dem erworbenen Wissen ein pflegebedürftiger Mensch eine optimale Unterstützung bekommt, so dass er z.B. länger ein selbstbestimmtes Leben in den eigenen vier Wänden führen kann?

Seit einiger Zeit gibt es auf dem Markt technische Assistenzsysteme, die auf die Bedürfnisse von Menschen mit einem Unterstützungsbedarf eingehen und Eure Arbeit erleichtern sollen. Solche Systeme werden im privaten wie auch im professionellen Bereich eingesetzt.

Frage 1: Welche technischen Unterstützungssysteme kennt Ihr bereits?

Mit dieser Frage soll den Teilnehmern klarwerden, dass solche Systeme wichtig sind/werden und dass Schulungen in diesem Bereich relevant sind.

<u>Was angesprochen werden sollte:</u>

Verschiedene Systeme
AAL (unaufdringliche Unterstützung)
Bei Bedarf hier den Begriff „AAL" erklären: Altersgerechte Assistenzsysteme für ein selbstbestimmtes Leben, umgebungsunterstütztes Leben, selbstbestimmtes Leben durch innovative Technik oder Assistenzsysteme fürs Alter, Methoden, Konzepte, (elektronische) Systeme, Produkte sowie Dienstleistungen, welche das alltägliche Leben älterer und auch benachteiligter Menschen situationsabhängig und <u>unaufdringlich</u> unterstützen.

Schwierigkeiten bei der Handhabung
Ängste

Ihr alle habt schon an Schulungen teilgenommen.

Frage 2: Was für Erfahrungen habt Ihr mit Schulungen bisher gemacht?

Mit dieser Frage soll herausgestellt werden, dass der Einsatz von Anschauungsmaterial in Schulungen den Bezug zur Praxis besser als rein theoretische Erläuterung herstellen *kann.*

<u>Was angesprochen werden sollte:</u>
Technik ausprobieren
Theorie vs. Praxis
Nutzen von Schulungen

Nachgefragt – falls es nicht angesprochen wird:

Wie sollte eine gute Schulung gestaltet sein?

An dieser Stelle würde ich Euch gerne ein technisches Unterstützungssystem vorstellen.

Präsentation des Filmes mittels TV-Gerät

Frage 3: Was haltet Ihr von PARO?

Hier soll eine (auch kritische) Auseinandersetzung über den Einsatz von PARO erfolgen.

Erste Eindrücke werden formuliert.

Nun kann sich jeder Teilnehmer selbst ein Bild vom Gerät machen (PARO liegt auf dem Tisch und es findet eine kurze Interaktion statt).

Frage 4: Wie findet Ihr PARO, nachdem Ihr ihn ausprobieren konntet?

Hier möchte ich erreichen, dass der Umgang mit PARO unmittelbar die Grenze zwischen Theorie und der Praxis verschwinden lässt und die Vorstellungen von PARO korrigiert oder bestätigt werden. Ich denke, dass hier Fragen auftreten werden. Im besten Fall würden die Teilnehmer unbemerkt in eine Art PARO-Schulung „geraten".

<u>Was angesprochen werden sollte:</u>
Nutzen
Pro/Contra
Bedienung
Technische Seite (Fragen)

PARO ist ein System, welches auch im Rahmen von Weiterbildungen zum Thema technische Unterstützungssysteme eingesetzt werden könnte.

Frage 5: Wie würdet Ihr es finden, wenn PARO im Rahmen von Aus- und Weiterbildung gezeigt wird?

Hier soll gezeigt werden, dass PARO einfach im Umgang und sofort einsatzbereit ist. Im besten Fall wird über seinen realen Einsatz in der Wohnstätte gesprochen oder eine Schulung konstruiert, in der nicht nur PARO, sondern auch andere Systeme vorkommen.

<u>Was angesprochen werden sollte:</u>
Spezielle Eigenschaften von PARO
Eignung weil/weil nicht
Wie sollte er präsentiert werden?

Wichtig:

Wenn sich aus dem Verlauf der Diskussion die Antworten auf folgende Frage nicht schon ergeben, muss sie der Gruppe zu gegebenem Zeitpunkt gestellt werden:

Frage 6: Wollt Ihr nun mehr über Assistenzsysteme erfahren?

Diese Fragen werden in der Aufgabenstellung genannt:

Ist PARO ein geeigneter „Türöffner" für die Akzeptanz von AAL-Technik?

Ist PARO ein gutes Beispiel für AAL und ein praktisches Anschauungsmaterial?

<u>*Ende*</u>

Zum Schluss folgen Dankesworte und der Hinweis, dass den Teilnehmern die Ergebnisse der Diskussion präsentiert werden, sobald diese vorliegen.

Persönliches Fokusgruppenprotokoll

Nachdem alle Teilnehmer die vorbereiteten und personalisierten Einwilligungserklärungen zur Nutzung von Fotoaufnahmen und Tonaufnahmen unterschrieben und Platz genommen haben, folgten eine kurze Vorstellung und eine Beschreibung unserer Tätigkeitsfelder.

Im Anschluss mussten noch einige organisatorischen Dinge besprochen werden. Es ist wichtig, dass der Rahmen solcher Veranstaltungen klar kommuniziert wird, um möglichst viele potenzielle Störeinflüsse eliminieren zu können. Konkret habe ich nochmals auf die Erstellung der Audioaufnahmen und Fotografien hingewiesen und deren Verwendung beschrieben. Es folgte ein Hinweis auf die Freiwilligkeit der Veranstaltung. Im Weiteren habe ich darum gebeten, laut und deutlich zu sprechen und die ehrliche Meinung zu sagen. Die Teilnehmer sollten darauf achten, dass nicht zu sehr durcheinander geredet wird. Der Zeitrahmen wurde mit maximal zwei Stunden angegeben.

Nachdem alle organisatorischen Fragen beantwortet waren, begann ich mit der Vorstellung des Themas mittels der Leitfrage aus dem Leitfaden.

Nach der Eröffnung durch die Leitfrage und deren Erläuterung begann ich mit einer direkten Frage in die Runde, damit die Teilnehmer sich langsam an die Thematik herantasten konnten.

„Welche technischen Unterstützungssysteme kennt Ihr bereits?"

Hier habe ich einen Einstiegspunkt für die Teilnehmer geschaffen, der es durch das Gespräch zwischen den Teilnehmern ermöglicht, dem mutmaßlichen Wissensunterschied entgegenzuwirken, und durch den sich die Teilnehmer auf dieses bisher nicht bekannte Thema einstellen können. Durch Erläuterungen und Definitionen meinerseits konnte ich hier eine inhaltliche Basis für den weiteren Verlauf der Diskussion schaffen. Überraschenderweise wurde bereits zu diesem Zeitpunkt durch einen der Teilnehmer der Robbenroboter PARO angesprochen.

Nachdem die erste Frage ihrer Wichtigkeit gemäß erschöpfend beantwortet war, stellte ich eine Frage, die eine Verbindung zu Aus- und Weiterbildungen herstellen sollte.

„Was für Erfahrungen habt Ihr mit Schulungen bisher gemacht?"

Mit dieser Frage wollte ich erreichen, dass sich die Teilnehmer über ihre Erfahrungen mit Schulungen austauchen. Ich wollte in Erfahrung bringen, wie sich die Art einer Schulung auf den wahrgenommenen Nutzen auswirkt. Sehr schnell kam hier die Rückmeldung, dass praxisnahe Schulungen, die viel Gelegenheit zur Selbsterfahrung bieten, als wesentlich sinnvoller empfunden werden. Spätestens hier haben sich alle Teilnehmer rege an der Diskussion beteiligt und konnten viel eigene Erfahrung einbringen.

Die dritte Frage folgte, nachdem den Teilnehmern ein ca. fünfminütiger Film über den Einsatz von PARO im Bremer Pflegeheim „Haus O'land" gezeigt worden war.

„Was haltet Ihr von PARO?"

Um den Teilnehmern möglichst viel Spielraum bei der Beantwortung zu geben, habe ich diese Frage sehr offen gestellt und nicht weiter eingegrenzt. Es war mir an dieser Stelle sehr wichtig, dass die Teilnehmer alle Aspekte, die das System PARO betreffen, ansprechen können. Die Teilnehmer waren im Thema „angekommen", nahmen rege an der Diskussion teil und tauschten ihre Eindrücke und Meinungen aus. Erstmals war zu beobachten, dass im Verlauf der Diskussion Meinungen gebildet wurden.

Nachdem ca. 25 Minuten diskutiert und auch teilweise der reale Einsatz konstruiert wurde, konnten sich die Teilnehmer nun selbst ein Bild vom System PARO machen und erhielten Gelegenheit, die Robbe auszuprobieren. PARO wurde aus dem Nebenraum geholt, eingeschaltet und in der Runde umhergereicht. Die Teilnehmer agierten sofort und ohne Ausnahme wie mit einem echten Tier. PARO wurde von jedem gestreichelt und wie ein Haustier auf dem Arm gehalten.

Ich musste die Frage, wie PARO nun empfunden wird, nicht mehr stellen, denn während der Interaktion fand ohne weiteren Impuls ein reger Austausch statt. Es waren Verblüffung und Freude bei den Teilnehmern zu bemerken. Ich wollte hier erreichen, dass der Umgang mit PARO unmittelbar die Grenze zwischen Theorie und Praxis verschwinden lässt und die Vorstellungen von PARO korrigiert oder bestätigt werden.

Während der folgenden ca. 20-minütigen Diskussion wurde neben der Technik auch der Nutzen angesprochen und sogar der reale Einsatz in der Wohnstätte entworfen.

Fokusgruppenzitate

Beiträge der Teilnehmer der Fokusgruppe. Sortiert nach Interventionsfragen, versehen mit Zeitindex. Grundlage ist die Audioaufnahme der Fokusgruppe am 23.02.2015 in einer Wohnstätte für Menschen mit Beeinträchtigung.

<u>Welche technischen Unterstützungssysteme kennt Ihr bereits?</u>

Zeitindex	Beitrag
07:35	Lifter, Pflegebetten
07:40	Talker
07:44	Rollstühle
18:20	PARO

Beiträge nach der Definition von AAL

Zeitindex	Beitrag
10:12	Barrierefreies Wohnen
12:30	Babyfon
14:10	Atemsensoren
14:40	Sensorik zur Vitalwerterfassung

<u>Was für Erfahrungen habt Ihr mit Schulungen bisher gemacht?</u>

Zeitindex	Beitrag
20:55	geringes Niveau
21:00	Praxistransfer fehlt
21:34	Ich weiß ja nicht mal, dass es so etwas gibt. Wie soll ich es dann anwenden?
21:40	Theorielastig
21:46	90% Theorie
21:56	anschaulich mit Praxisbeispielen
22:05	Anwender schulen besser
23:40	Schulung – lästig für den Arbeitgeber, nur für QM
23:55	gute Schulungen sind teuer
24:30	lernen unter unrealen Bedingungen
26:30	Dozenten sollten Anwender sein
27:40	Inhouse-Veranstaltungen unter realen Bedingungen sind gut

Zeitindex	Beitrag
35:24	kein schlechter Ansatz
36:00	kein Bezug zu Robben, eher Katzen und Hunde
36:10	schöne, große Augen werden vielleicht nicht gut wahrgenommen
36:15	muss individualisiert werden
36:18	finde das sehr gut
36:19	dieses Tier weckt Gefühle
36:29	Biografiearbeit ist notwendig
37:03	es gibt sicher Menschen, die Angst haben vor PARO
37:50	Geräusche der Robbe können Angst machen
38:10	wenn dieses Prinzip hilft, ist es gut
38:20	richtig gute Alternative zur Tiertherapie
38:30	Robbe muss nicht ausgebildet werden
39:10	positive Gefühle durch Erinnerung an Haustier
40:40	kein Langzeiteffekt durch PARO
41:00	PARO ist ein Spielzeug
41:18	menschenähnliche Puppe wäre besser
41:30	PARO öffnet durch seine Kulleraugen und durch weiches Fell alle Herzen
41:46	ich hätte Angst vor der Robbe gehabt

41:55	es ist keine Unterstützung für die Pflege
42:05	der Betreute kann nicht mit der Maschine allein gelassen werden
43:40	Interaktion mit der Robbe bewirkt etwas
44:00	Was machen wir hier damit? Kann die bei Reiner angewendet werden?
47:50	Robbe ist geeignet, um in Menschen Glücksgefühle auszulösen
50:12	Entlastung des Pflegers durch PARO
51:00	gute Einsatzmöglichkeit auch bei Kindern
51:20	PARO ist hygienisch, macht keinen Dreck
51:30	Ausschluss von Tierallergien
51:40	keine Pflege wie bei einem Tier
52:14	kein Heilmittel, aber eine Möglichkeit
52:20	Ausprobieren ist notwendig
52:30	nur für bestimmte Personen einsetzbar
52:45	ein Einsatz in der Wohnstätte ist vorstellbar
53:10	Förderung der Motorik von Bewohnern
53:17	Auslösen von Glücksgefühlen, Wohlbefinden
53:30	kann das Gefühl von Gesellschaft vermitteln
54:20	PARO kann ein besseres Gefühl beim Pfleger auslösen
55:20	taktile Erfahrungen durch Bewegung von PARO bei Bewohnern auslösen
56:10	auf einen Versuch würden sich alle einlassen

<u>Wie findet Ihr PARO, nachdem Ihr ihn ausprobieren konntet?</u>

Zeitindex	Beitrag
59:00	Süß
59:25	ich glaub, da würde jeder drauf reinfallen
59:47	guck mal die Augen, riesig
1:00:16	Gibt es das nur in einer Größe?
1:00:25	Was kostet so ein Teil?
1:01:30	er sieht ganz niedlich aus
1:01:40	für Kinder kann ich es mir gut vorstellen
1:01:56	es geht eine gewisse Faszination von ihm aus
1:02.15	es ist das Gute, dass man alles anfassen kann
1:03.07	das ist schon gut gepolstert
1:03.26	Den Bezug kann man waschen?
1:03.35	laut ist er
1:04:15	das Gewicht und die Größe haben mich erstaunt
1:04:26	man hört dieses Motorische
1:04:40	er löst hier Reaktionen aus
1:05:10	die Form hat was Kindliches
1:05:25	niedliche Optik, Kindchengesicht
1:05:30	perfekt konzipiert
1:05:40	alle haben gelächelt
1:05:44	alle wollten es anfassen

1:05:55	vielleicht hat es Kindheitserinnerungen hervorgerufen
1:06:12	es ist etwas Befremdliches, wenn es nicht gekannt wird
1:06:44	Demenzkranke sehen es nicht als Roboter, sondern als kuscheliges Tier
1:07:00	es wäre einen Versuch wert
1:07:12	ich denke, es findet Einsatz
1:07:44	ich würde es ausprobieren
1:09:55	der Film alleine reicht nicht aus, um eine konkrete Vorstellung zu bekommen
1:10:15	es ist etwas Anderes nach dem Ausprobieren
1:10:22	das A und O bei Schulungen ist das Praktische
1:10:40	wahrscheinlich ist die Faszination von PARO bald vorüber
1:11:10	kritische Äußerungen zum Preis
1:11:45	Unterstützung für die Pflegekraft
1:11:55	optimal für Demenzkranke
1:12:35	ich denke, er würde seinen Einsatz haben
1:12:38	ich würde es gerne mal ausprobieren
1:12:45	ich würde es gerne am Menschen sehen

<u>Wie würdet Ihr es finden, wenn PARO im Rahmen von Aus- und Weiterbildung gezeigt wird?</u>

Zeitindex	Beitrag
1:14:55	vielleicht als Einstieg
1:16:50	erstmal einen Film zeigen und dann PARO interaktiv zeigen
1:17:40	positive Manipulation
1:18:22	PARO wird als Highlight verstanden
1:20:00	um die Bereitschaft zu wecken, ist das bestimmt ganz gut
1:22:02	ideal, um ethische Aspekte zu diskutieren
1:22:55	Diskussionen in Schulungen sind nicht zielführend
1:23:55	PARO ist chic für Schulungen
1:24:35	PARO ist ein System ohne sichtbare Mechanik
1:25:28	PARO ist ein fertiges System, das gleich einsetzbar ist in Schulungen

<u>Wollt Ihr mehr über Assistenzsysteme wissen?</u>

Zeitindex	Beitrag
1:28:15	ich möchte schon wissen, was gibt es und an was wird weiterhin gedacht
1:28:30	das ist sowas wie ein Türöffner, um ins Gespräch zu kommen
1:28:45	die Bereitschaft, mehr wissen zu wollen, ist gestiegen
1:30:00	ich wäre interessiert an Schulungen von solchen Systemen

Zeitindex	Beitrag
15:33	Nähe geht verloren
41:05	Würde des Menschen, albern
1:19:10	Personaleinsparungen werden möglich
1:19:40	Datenschutzbedenken
1:26:10	armselig für unser Land – wenn's soweit ist, dass man PARO einsetzen muss

Fragebogen

Liebe Teilnehmerinnen und Teilnehmer,

vielen Dank, dass Sie an dieser Befragung teilnehmen.

Ihre Angaben werden selbstverständlich vertraulich und anonym behandelt und lediglich zu Forschungszwecken durch die Mitarbeiter des Fachgebietes Mensch-Maschine-Systemtechnik der Universität Kassel verwendet.

Bitte füllen Sie den Fragebogen ernsthaft und vollständig aus. Nur so können wir aus Ihren Angaben lernen.

Falls Sie Fragen haben, beantworten wir diese gerne.

Der erste Teil des Fragebogens befasst sich mit Ihrer persönlichen Meinung zu verschiedenen Aspekten elektronischer Geräte sowie mit der Erfahrung, die Sie im Umgang mit diesen Geräten haben.

Unter dem Begriff „elektronische Geräte" verstehen wir Geräte, wie:
Computer, Internet, Handy, Palm/PDA, Fernseher, Stereoanlage, Digitalkamera, DVD-Spieler, Mp3-Spieler, Geldautomaten, Ticketautomaten, neue Systeme im Auto wie Navigationssysteme.

Bitte wenden

Im Folgenden finden Sie eine Reihe von Aussagen. Bitte geben Sie für jede der Aussagen an, wie gut sie auf Sie persönlich zutrifft. Kreuzen Sie dazu auf der rechten Seite das Feld an, das Ihrer Meinung am besten entspricht.

	Trifft voll zu	Trifft eher zu	Teils/ teils	Trifft eher nicht zu	Trifft gar nicht zu
Ich liebe es, neue elektronische Geräte zu besitzen.	◯	◯	◯	◯	◯
Elektronische Geräte machen krank.	◯	◯	◯	◯	◯
Ich gehe gern in den Fachhandel für elektronische Geräte.	◯	◯	◯	◯	◯
Ich habe bzw. hätte Verständnisprobleme beim Lesen von Elektronik- und Computerzeitschriften.	◯	◯	◯	◯	◯
Elektronische Geräte ermöglichen einen hohen Lebensstandard.	◯	◯	◯	◯	◯
Elektronische Geräte führen zu geistiger Verarmung.	◯	◯	◯	◯	◯
Elektronische Geräte machen vieles umständlicher.	◯	◯	◯	◯	◯
Ich informiere mich über elektronische Geräte, auch wenn ich keine Kaufabsicht habe.	◯	◯	◯	◯	◯
Elektronische Geräte machen unabhängig.	◯	◯	◯	◯	◯
Es macht mir Spaß, ein elektronisches Gerät auszuprobieren.	◯	◯	◯	◯	◯
Elektronische Geräte erleichtern mir den Alltag.	◯	◯	◯	◯	◯
Elektronische Geräte erhöhen die Sicherheit.	◯	◯	◯	◯	◯
Elektronische Geräte verringern den persönlichen Kontakt zwischen den Menschen.	◯	◯	◯	◯	◯
Ich kenne die meisten Funktionen der elektronischen Geräte, die ich besitze.	◯	◯	◯	◯	◯
Ich bin begeistert, wenn ein neues elektronisches Gerät auf den Markt kommt.	◯	◯	◯	◯	◯
Elektronische Geräte verursachen Stress.	◯	◯	◯	◯	◯
Ich kenne mich im Bereich elektronischer Geräte aus.	◯	◯	◯	◯	◯
Es fällt mir leicht, die Bedienung eines elektronischen Geräts zu lernen.	◯	◯	◯	◯	◯
Elektronische Geräte helfen, an Informationen zu gelangen.	◯	◯	◯	◯	◯

Bitte lassen Sie den ausgefüllten Fragebogen vor sich auf dem Tisch liegen. Teil II der Umfrage folgt nach einem kurzen Film.

Im zweiten Teil des Fragebogens finden Sie eine Reihe von Aussagen mit Bezug zu PARO, den Sie durch den eben gezeigten Film kennen gelernt haben.

Bitte geben Sie für jede der Aussagen an, wie gut sie auf Sie persönlich zutrifft. Kreuzen Sie dazu das Feld an, das Ihrer Meinung am besten entspricht.

PARO kann professionelle Pflegekräfte und Betreuer bei ihrer Arbeit mit dem Bewohner unterstützen.

Trifft voll zu ◯
Trifft eher zu ◯
Teils / teils ◯
Trifft eher nicht zu ◯
Trifft gar nicht zu ◯

Kann ich nicht beurteilen ◯

Ich hatte vor dem gezeigten Film bereits von PARO gehört.

Ja ◯
Nein ◯

Ich möchte PARO gerne ausprobieren.

Trifft voll zu ◯
Trifft eher zu ◯
Teils / teils ◯
Trifft eher nicht zu ◯
Trifft gar nicht zu ◯

Kann ich nicht beurteilen ◯

Ich denke, dass ich keine Probleme bei der Bedienung von PARO hätte.

Trifft voll zu ◯
Trifft eher zu ◯
Teils / teils ◯
Trifft eher nicht zu ◯
Trifft gar nicht zu ◯

Kann ich nicht beurteilen ◯

Bitte wenden

Ich denke, dass PARO und andere technische Assistenzsysteme zukünftig vermehrt im Pflegebereich eingesetzt werden.

Trifft voll zu ◯
Trifft eher zu ◯
Teils / teils ◯
Trifft eher nicht zu ◯
Trifft gar nicht zu ◯

Kann ich nicht beurteilen ◯

PARO hat mich neugierig gemacht, mehr über den Einsatz von technischen Assistenzsystemen im Pflegebereich zu erfahren.

Trifft voll zu ◯
Trifft eher zu ◯
Teils / teils ◯
Trifft eher nicht zu ◯
Trifft gar nicht zu ◯

Kann ich nicht beurteilen ◯

Ich würde PARO gerne bei meiner Arbeit mit den Bewohnern einsetzen.

Trifft voll zu ◯
Trifft eher zu ◯
Teils / teils ◯
Trifft eher nicht zu ◯
Trifft gar nicht zu ◯

Kann ich nicht beurteilen ◯

PARO veranschaulicht für mich, wie der Einsatz technischer Assistenzsysteme im Pflegebereich umgesetzt sein kann.

Trifft voll zu ◯
Trifft eher zu ◯
Teils / teils ◯
Trifft eher nicht zu ◯
Trifft gar nicht zu ◯

Kann ich nicht beurteilen ◯

Ich finde, dass PARO sich als Anschauungsmaterial z.B. bei Weiterbildungen für technische Assistenzsysteme in der Pflege eignet.

Trifft voll zu ◯

Trifft eher zu ◯

Teils / teils ◯

Trifft eher nicht zu ◯

Trifft gar nicht zu ◯

Kann ich nicht beurteilen ◯

Mehr Einsatz von technischen Assistenzsystemen im Pflegebereich bedeutet für mich:

	Ja	Nein	Kann ich nicht beurteilen
Entlastung des Pflegepersonals	◯	◯	◯
Verlust der Nähe zwischen Bewohner und Pfleger	◯	◯	◯
Weniger Dokumentationsaufwand	◯	◯	◯
Verletzungen des Datenschutzes	◯	◯	◯
Personaleinsparungen	◯	◯	◯
Verletzung der Würde des Bewohners	◯	◯	◯

Wenn Sie möchten, beschreiben Sie kurz, was sich durch den Einsatz von technischen Assistenzsystemen im Pflegebereich in Zukunft ändern könnte.

____

____

____

Bitte wenden

Zum Schluss benötigen wir noch einige allgemeine Angaben zu Ihrer Person.

Bitte geben Sie Ihr Geschlecht an:

weiblich ◯
männlich ◯

Wie alt sind Sie?

_________ Jahre

Bitte nennen Sie Ihren höchsten Berufsabschluss:

Altenpflegehelfer/in ◯
Altenpfleger/in ◯
Heilerziehungspfleger/in ◯
Krankenschwester/-pfleger ◯
Erzieher/in ◯
in Ausbildung ◯
Sonstiges und zwar: ◯ ________________________

Vielen Dank für Ihre Teilnahme!

Die Ergebnisse dieser Umfrage werden Ihnen in Kürze in einer der nächsten Dienstbesprechungen mitgeteilt.

Mann-Whitney-U-Test Ergebnisse

Nullhypothese	Signifikanz-wert	Entscheidung
Die Verteilung von PARO hat mich neugierig gemacht, mehr über den Einsatz von technischen Assistenzsystemen im Pflegebereich zu erfahren. ist über die Begeisterungsgruppen negativ und neutral/positiv identisch.	0,619	Nullhypothese beibehalten
Die Verteilung von „Ich würde PARO gerne bei meiner Arbeit mit den Bewohnern einsetzen." ist über die Begeisterungsgruppen negativ und neutral/positiv identisch.	0,195	Nullhypothese beibehalten
Die Verteilung von „Ich möchte PARO gerne ausprobieren." ist über die Begeisterungsgruppen negativ und neutral/positiv identisch.	0,119	Nullhypothese beibehalten
Die Verteilung von „Ich denke, dass ich keine Probleme bei der Bedienung von PARO hätte." ist über die Begeisterungsgruppen negativ und neutral/positiv identisch.	0,849	Nullhypothese beibehalten
Die Verteilung von „Ich denke, dass PARO und andere technische Assistenzsysteme zukünftig vermehrt im Pflegebereich eingesetzt werden." ist über die Begeisterungsgruppen negativ und neutral/positiv identisch.	0,049	Nullhypothese ablehnen
Die Verteilung von „PARO veranschaulicht für mich, wie der Einsatz technischer Assistenzsysteme im Pflegebereich umgesetzt sein kann." ist über die Begeisterungsgruppen negativ und neutral/positiv identisch.	0,052	Nullhypothese beibehalten

Freitextangaben

Eine vollständige Liste aller freiwilligen, handschriftlichen Angaben im Fragebogen.

Die Möglichkeit zur Freitexteingabe wurde folgendermaßen eingeleitet:

Wenn Sie möchten, beschreiben Sie kurz, was sich durch den Einsatz von technischen Assistenzsystemen im Pflegebereich in Zukunft ändern könnte.

- weniger Nähe

- Verringerung von Bedarfsmedikation, oftmals sicherlich ein guter Zugang bei aufgeregten BW, Harmonie

- Verbesserung der Lebensumstände bei Demenzkranken

- schlimm, wenn Roboter menschliche / tierische Wärme und Zuwendung ersetzen soll

- Menschen mit Beeinträchtigungen könnten ihre Freude daran haben

- Meiner Meinung nach würde sich ändern, dass die Bindung, die man zu den Bewohnern aufbaut, durch technische Assistenzsysteme negativ beeinflusst werden kann.

- Lebensfreude der Bewohner könnte gestärkt werden, könnte als Motivation dienen

- körperliche Belastungen des Personals werden verringert

- kann unterstützend eingesetzt werden, um Erfahrungen wie Wärme, Weichheit, Streicheln hervorzurufen

- Kann eine Möglichkeit sein, sich mit Demenzpatienten auf einer guten Basis zu beschäftigen und Vertrauen zu bilden. Darf aber nicht eingesetzt werden, um noch mehr Personal zu sparen!

- gezieltere Behandlungsmöglichkeiten, mehr Optionen

- Für die Zukunft wird es wohl sehr wahrscheinlich ein Bestandteil der Pflege werden, wenn die jetzigen Generationen pflegebedürftig werden, aber ob sich dadurch was ändert, kann ich nicht beurteilen.

- Förderung, Verstecktes entdecken, evtl. Zufriedenheit, Glücksgefühle und anderes entdecken

- eventuell einen leichten Zugang zu den Bewohnern, mit dem Windelsensor, eventuell ein trockeneres Wohlbefinden des Bewohners

- Es wird mehr auf die Bedürfnisse der Klienten eingegangen; sich mit den Personen genauer auseinandergesetzt ...

- Einsatz erhöht Kommunikation, erweitert Zugriffspunkte auf Gefühle, „innere Welten"

- ein „Erreichen" der Bewohner, die in ihrer „eigenen" Welt leben, Vertrauen und Geborgenheit schaffen

- Die Art und Weise der Pflege wird sich verändern. Doch wird gerade dann die Nähe zwischen Pfleger und Bewohner (menschl. Nähe) immer wichtiger sein.

- Der Zugang zu dementiell erkrankten Menschen kann durch diese Hilfsmittel erleichtert bzw. wiederhergestellt werden. Verbesserte Kontaktaufnahme etc.

- besserer Zugang zu Bewohnern mit Demenz

- bessere Pflege der Bewohner

Einwilligungserklärung

Einwilligungserklärung zur Nutzung von Fotoaufnahmen und Tonaufnahmen

Zwischen

Mensch-Maschine-Systemtechnik Fachbereich Maschinenbau
Universität Kassel
Mönchebergstr.7
34125 Kassel

und

Frau/Herr
Name:
geb. Datum:
Anschrift:

Gegenstand:

Fotografische Aufnahmen und Tonaufzeichnungen am *23.02.2015*

Verwendungszweck:

Verwendung bei wissenschaftlichen Arbeiten

Die Audioaufnahmen werden bei der wissenschaftlichen Auswertung zur Erstellung einer Diplomarbeit verwendet.

Die Fotos werden Bestandteil der Diplomarbeit.

Anknüpfende und weiterführende wissenschaftliche Arbeiten können ebenfalls auf die Aufnahmen zurückgreifen, sie zu wissenschaftlichen Auswertungen verwenden aber nicht veröffentlichen.

Erklärung:

Der/Die Unterzeichner/in erklärt sein Einverständnis mit der unentgeltlichen Verwendung von fotografischen Aufnahmen und Tonaufzeichnungen seiner Person für die oben beschriebenen Zwecke. Eine Verwendung der Aufnahmen für andere als die beschriebenen Zwecke oder ein Inverkehrbringen durch Überlassung der Aufnahmen an Dritte ist unzulässig.

Sorga, 23.02.2015   Unterschrift